潮汐 CHEERS

与最聪明的人共同进化

HERE COMES EVERYBODY

U0325018

The Earth

47 种生物
讲述的
地球生命故事

A Biography
of Life

［英］埃尔莎·潘西罗里
Elsa Panciroli 著

刘晓燕 译

浙江教育出版社·杭州

你对地球生命了解多少?

- 从熔融的内部到坚硬的外壳,整个地球都是由岩石构成的,这是真的吗?( )

  A. 真

  B. 假

- 有了月球,地球上才出现了潮汐,这是真的吗?( )

  A. 真

  B. 假

- 下面哪一个是地球地质年代中时间跨度最长的一个纪元?( )

  A. 元古宙

  B. 冥古宙

  C. 太古宙

  D. 寒武纪

扫描左侧二维码查看本书更多测试题

CONTENTS

目 录

引言 深时 001

01 前寒武纪 006

冥古宙 010

太古宙 012

元古宙 014
　　真核生物 016

埃迪卡拉纪 020
　　加尼亚虫 022
　　金伯拉虫 024

02 古生代 026

寒武纪 030
　　三叶虫 032
　　昆明鱼 036

奥陶纪 038
　　珊瑚 040
　　笔石 044
　　牙形虫 048

志留纪 052
　　原杉藻 054
　　顶囊蕨 058
　　广翅鲎属动物 060

泥盆纪 064
　　邓氏鱼 066
　　呼气虫 070
　　菊石 074
　　棘螈 078

石炭纪 082
　　鳞木 084
　　巨脉蜻蜓 088
　　波尔蜎属动物 092
　　林蜥 096

二叠纪 100
　　舌羊齿 102
　　异齿龙 106
　　笠头螈 110
　　针叶树 114

03 中生代　118

三叠纪　122
叉鳞鱼　124
歌津鱼龙　128
波斯特鳄　132
蚯蚓　136

侏罗纪　140
古鳞蛾　142
翼手龙　146
甲虫　150
始祖鸟　154

白垩纪　158
古果　160
古蜂　164
爬兽　168
阿根廷龙　172

04 新生代　176

古近纪　180
笨脚兽　182
威马奴企鹅　186
有孔虫　190
蚂蚁　194

新近纪　198
禾草　200
草原古马　204
喙头蜥　208
海藻森林　212

第四纪　216
猛犸象　218
渡渡鸟　222
果蝇　228
人属　232

致谢　237

地球的一生广博而深邃，其时间尺度大到超出人类的想象。几个世纪以来，通过研究岩石和化石，我们得以拼凑出地球数百万年的历史和发展进程。长期以来，人类一直试图通过观察地貌来了解世界，直到最近几百年，我们才了解地球表面被多次塑造和重新排列的神奇方式，以及这种方式是如何塑造芸芸众生的。

引言　深时

从熔融的内部到坚硬的外壳，整个地球都是由岩石构成的。通过研究岩石和化石（地质学和古生物学），人类对地球的形成和发展有了深入的了解。尽管我们已经掌握了这些信息，但要理解地史，即深时（deep time），依旧很难，因为它远远超出了人类的经验范畴。

地质学家研究地层组成、年龄和分布，从而阐明诸如板块构造、气候变化、生命起源及进化的过程。地质学的原理看似简单，实则繁复，因为在深时里，坚硬的岩石可以像水一样流动，也可以像纸一样皱缩。新岩石的形成伴随着旧岩石被吞噬的过程。与此同时，化石的分布是不均匀的，这不仅体现在化石所处的空间位置上，还体现在化石所代表的特定时间段上。此外，有骨骼的动物比没有骨骼的动物更容易形成化石。大约300年前，人类开始认真思考这些谜题。在更早的时候，人类就尝试着解读世界，比如将山顶上的贝壳解释为古代洪水留下的证据，以及用神话来解释在草原丝绸之路上的沙漠中发现的恐龙骨骼。

地质年代

地质年代是用于描述地球46亿年生命中事件发生的时间，它被分割成极为精细的尺度，从宙、代到纪，再到期。其中大部分是由欧洲地质学家命名的，并根据他们在地层中观察到的明显变化来定义，比如从石灰岩到砂岩的突然转变，或者化石新种的出现。随着我们对地质过程的深入了解，有关这些时间尺度的细节不断完善，年代也越来越精确。

科学家使用的现代时标被称为年代地层表（chronostratigraphic chart），它综合了多种来源的信息，包括岩石和化石中放射性元素的年代测定。尽管科技日新月异，地质年代背后的一个关键原则仍是对生物的化石研究，以及它们是如何在深时出现、发生变化和消失的。

地层里的故事

关于岩石的最早记录来自古希腊和古罗马，那时的人研究了石头、金属和矿物，并认识到地球随着时间的推移发生了巨大变化。大约在公元1000年，波斯和中国的学者通过地层的成分来推测地貌的形成过程。11世纪的自然科学家伊本·西拿（Ibn Sīnā）是伊斯兰世界最伟大的学者之一，他认识到岩石的沉积和山谷的形成需要无比漫长的时间。在中国，沈括也注意到了沉积和侵蚀的过程，贝类化石更是表明中国内陆的部分地区曾经是海洋。

詹姆斯·赫顿（James Hutton）是西方地质科学领域的主要人物，被称为"现代地质学之父"。与先前的伟大学者一样，赫顿也观察到了侵蚀和沉积现象，并意识到岩石当时的状态揭示了其形成过程。他还提出了关于深时的新观点，并认识到地层可以抬升、倾斜和折叠，从而形成山脉、山谷以及复杂的地貌。人们对地质过程的认识也由此进入了新阶段。

层层叠叠的岩石

地球上的岩石类型主要有火成岩（岩浆岩）、沉积岩和变质岩三种。火成岩来自地表以下，要么由喷出地表的岩浆冷凝而成，要么由侵入地壳的岩浆凝固而成。沉积岩则积聚在地球表面，由被侵蚀的岩石和矿物的碎片、生物化石或化学沉淀物（如碳酸盐）组成。变质岩一开始是火成岩或沉积岩，在压缩或加热等作用下发生了变化。当岩石直接接触到炽热的岩浆或者像油灰那样被折叠、压制和挤压时，它就会变质。变质通常意味着岩石化学成分的改变，矿物在重新排列时会形成新的纹理和图案。

地质学中最重要的原理与了解地层所处的地质年代密切相关。沉积岩一层一层地叠在一起，就像一层又一层的蛋糕。最古老的地层在底部，越往上，地层越年轻。地层中的化石展示了生物的演变历程，而只存在于特定时期的指准化石（index fossils）可以用来确定地层的年代。然而，在漫长的岁月里，地层可能会倾斜或折叠，并将较老的地层推到较新的地层上面，沿着苏格兰西北海岸分布的莫因冲断带就是一个典型例子。地层也会被雨雪冲走，在岩石记录中留下缺口。火山活动会将岩浆闪电般注入已经存在的地层。地表的裂缝、断层线和板块构造会使地层相互移动，形成复杂且混乱的模式。解释这些模式是一项复杂而艰巨的工程，只有将它们置于地球漫长的一生中，我们才能真正理解它们。

躁动的板块

大陆漂移是板块构造机制的一部分，而板块运动是塑造地球的基本过程之一。地球表面虽然看起来是一个固体涂层，但实际上是由岩石板块组成的。地球上大约有8个主要板块和几十个较小板块，它们会随着地球熔融内核的沸腾和搅动而不停地移动。地球内核的热量产生了对流，使这些板块在数百万年的时间里分分合合。由于厚度不同，板块之间会相互滑动或者向上折叠和挤压，从而形成山脉。在板块交汇和分离的地方，如环太平洋火山地震带，火山和地震会频繁发生。

许多较大的板块都包含一个古老的核心，后者被称为克拉通。克拉通是地壳中最古老的部分，其中一些形成于40亿年前，即地球诞生后不久。通过研究克拉通，地质学家已经能够拼凑出地球的形成过程。在过去的35亿年里，尤其是在复杂生命出现之后，大陆板块的移动对生物进化过程产生了巨大影响，其中包括创造了新的栖息地，形成了海洋又使其消失，改变了气候，以及使生物相互隔离了数百万年。

生命的模式

进化迸发出光芒，借着这光芒，我们可以看到地球绚丽多彩的历史。人类对进化的认识虽然起步较晚，但已经彻底改变了有关生物和化石的研究。进化与自然环境之间关系密切，因此，生命的模式与不断变化的地球是紧紧联系在一起的。

最早认识到进化过程的是查尔斯·达尔文，随后是阿尔弗雷德·拉塞尔·华莱士（Alfred Russel Wallace）。[①] 自然选择理论从根本上决定了我们对地球上所有生命模式的理解。有关进化的研究结合了生物学、古生物学、地质学、生态学和数学等。进化是一个看似简单的概念，即性状的遗传及其与生存的关系，但又包含了错综复杂的内容，我们在理解和描述它时很容易出现错误。

随着计算机和遗传学的出现，我们对性状选择和代际传递的认识比以往任何时候都要深刻。这些知识主要来自对岩石和化石的研究，而岩石和化石提供了有关时间尺度的信息，这是人类仅凭肉眼在几百年的时间里都无法观察到的。正因如此，我们才得以了解到地球不断变化的面貌是如何塑造其居民的。如果没有这种对过去的洞察，我们就不可能知道现在的世界是如何形成的，也无法预见气候变化下的未来是什么样子的。

---

① 在布丰时期就有演化思想，拉马克也被认为是进化论创始人之一，华莱士被认为与达尔文同时提出进化论。——编者注

共同的祖先

进化的关键之处在于，地球上的所有生命都是由共同的祖先演变而来的。祖先将性状遗传给后代，那些能为生存带来优势的性状则在整个类群中代代相传。虽然这听起来很简单，但在很长一段时间里，人们把选择看作一个努力追求进步或完美的积极过程，这种观点至今仍然存在。实际上，进化并没有终极目标，性状不是由生物体主动选择或发展的，而是每一代随机获得的。简而言之，进化是一个不涉及价值判断的持续过程。

自卡尔·林奈（Carl Linné）于18世纪创建分类系统以来，生物就被分成了不同的类别。这种分类方法以解剖学为基础，通过骨骼和器官的特征将生物（包括其化石）进行分类。现代科学采用的是支序分类学，而不是林奈创建的分类法。支序分类学不仅关注生物体，还将解剖学和遗传学结合起来，根据共同的祖先进行分类，拥有共同祖先的生物体就属于一个支系。这反映了人类对生物之间的真正关系以及进化过程的深刻理解。

在过去的几十年里，遗传学重写了对生物之间的关系的认识，原来的许多分类法也因此过时。对于因板块构造而隔离的生物，遗传学揭示了它们是如何在各个大洲独立繁衍的：通过一个被称为趋同进化（convergent evolution）的过程，这些生物通常会进化出相似的生存能力和适应能力。由于我们只能接触到现存生物的基因，所以化石研究在解释生命进化方面发挥着重要作用。

节奏和模式

遗传学知识的传播、数学的应用和计算机的发展曾在生物科学领域掀起一场革命，催生了现代综合论（modern synthesis）。这场革命始于 20 世纪上半叶，在此之前，简单的观察是理解生物关系和自然选择的唯一方法，这无疑会受到观察者的技能或假设的影响，而新方法是定量的，可以用数学来检验。

对于进化的速度以及它所遵循的主要模式，化石提供了关键数据。化石研究结果表明，进化可以像达尔文预测的那样缓慢而渐进地发生，但速度非常快的物种大爆发也发生过，这催生了许多全新的物种。研究结果还表明，进化不是线性和定向的，而是不规则的，存在许多分支，也没有既定目标。我们可以利用数学将进化过程中的变化与重大事件（如生物灭绝和气候变化）相匹配。由此，我们得以勾勒出一幅复杂的自然选择图景，这大大改变了我们对地球生命进化史的看法。

生态系统和生命

一张巨大而混乱的生命网在地球上的生态系统中传递着能量。一个完整的生态系统包含植物、动物、微生物，以及它们之间的密切互动，甚至是与地质、气候的相互影响。我们可以从能量和物质的流动这个角度来理解生态系统，通过光合作用、捕食、分解和养分循环，能量和物质以传递游戏的方式在生态系统内流动。这些相互交织的能量网在生命诞生时就出现了，随着生物体变得越来越复杂，各种交互作用也随之产生。最终，进化与生态系统变化紧紧联系在了一起。

在漫长的历史中，气候变化和自然灾害也对生态系统产生了深远的影响，并打乱了生态系统中错综复杂的生命网。这种影响扰乱了生命的进程，为新的群体带来了选择性优势。在地球生命的进化史中，有时整个生态系统走向崩溃，其居民随之成为化石；有时，在新能源或特定捕食关系的支撑下，全新的生态系统也会出现。

THE
EARTH
A BIOGRAPHY OF LIFE

THE EARTH

01
前寒武纪

前寒武纪大约占据了地球生命中 88% 的时间。从 46 亿年前尘埃和太空岩石聚集形成胚胎——地球，到 6 亿年前海洋中出现复杂生命，前寒武纪不仅跨越了地球的婴儿期、幼儿期和儿童期，而且见证了地球的成年。

前寒武纪是一个非正式的时间划分名称，包括冥古宙、太古宙和元古宙。它之所以被这样命名，是因为它出现在曾经被认为是"生命黎明"的寒武纪之前。如今我们已经知道，单细胞生命在很早以前就出现了，也许是在地球形成后的最初 10 亿年里，而且多细胞生命在前寒武纪结束前就已经把海底作为它们的家园了。

在巨大的时间鸿沟之下，我们对前寒武纪的了解相对较少。这一时期形成的地层大多已在不断循环的过程中消失无踪，那些留存下来的地层也几乎被侵蚀磨光。尽管如此，残存的信息还是能够告诉我们，地球经历了哪些基本步骤才成为复杂动物的宜居之所，这些动物至今仍遍布地球，等待着我们去揭开它们的神秘面纱。

前寒武纪始于冥古宙，当时无氧的地球正在遭受太阳辐射和小行星撞击。有一种假说，认为地球与另一颗原行星相撞，由此形成了月球。海洋反复地出现又消失，直到灼热的地表冷却到足以保留水分，海洋才终于得以稳定存在。有研究认为，在海洋永久存在后不久，第一个单细胞生命可能就在深海某处诞生了。

在太古宙，海洋又热又绿，像豌豆汤一样。大气虽然已经形成，但它是一团污浊难闻的有毒气体。单细胞生命在这一时期迅速增加，很快，神奇的光合作用开始了。单细胞生命从太阳光中吸收能量，并将氧气作为副产品释放出来。单细胞噬日生命逐渐改变了大气中各种气体的比例，在不知不觉中创造了一个适合复杂生命生存的星球。

第一块大陆形成于太古宙，板块构造则开始于元古宙。在几十亿年的时间里，超大陆旋回将地壳聚合又分开，创造出山脉后又破坏它们。越来越多的氧气取代了先前大量的二氧化碳，这导致了被称为"雪球地球"（Snowball Earth）的全球冰冻现象。这种恶劣的环境有可能在一定程度上催生了第一批复杂生命。在前寒武纪末期冰雪融化后不久，海底岩石中就出现了异乎寻常的软体生命。

地球在此时终于成为复杂生命的家园，生命在富饶的海洋中、在充满氧气的天空下繁衍生息，整个世界焕然一新。

冥古宙

46亿～40亿年前，大部分地表处于熔融状态，地表温度超过了200℃。地球还不断遭到小行星的撞击。

地壳形成于冥古宙末期。

太古宙

40亿～25亿年前，第一个生命可能诞生于深海热液喷口周围。

地球上出现了第一批地块，其残余物至今仍然存在。

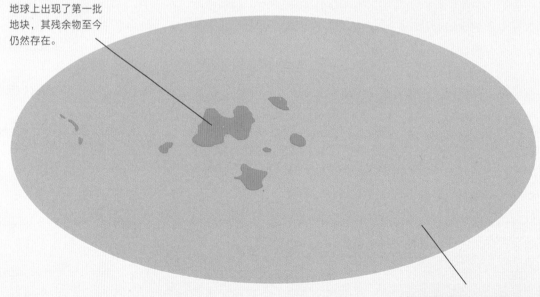

有一种假说认为，小行星带来的水形成了海洋。海水很热，并且被铁离子染成了绿色。

雪球地球

6.35亿年前，即在元古宙（25亿～5.41亿年前）期间，全球冰雪引发了反照率效应（albedo effect）——冰雪反射太阳光，使得地球不断冷却。

随着地球的冷却，厚达数千米的冰层形成了。

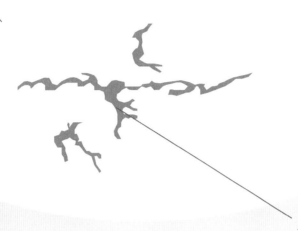

地球上的某些地方可能一直没有冰，比如赤道。

埃迪卡拉纪

6.35亿～5.41亿年前，海洋中出现了复杂生命，其中大部分是软体的。

月球离地球很近，因此，地球海岸线上的潮汐很高。

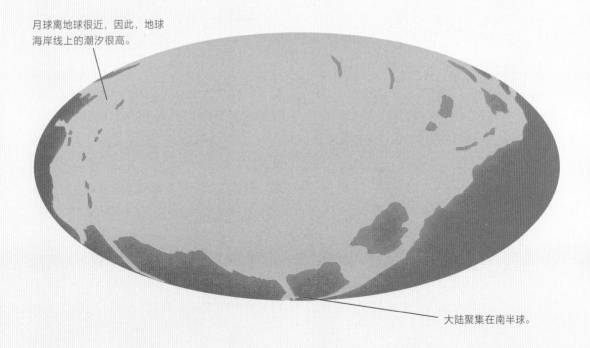

大陆聚集在南半球。

冥古宙

　　地球始于地狱般的、持续了 6 亿年的冥古宙。有一种假说认为，月球是在地球与另一颗原行星的撞击中形成的，这颗原行星带来的水形成了大气和海洋。尽管地球看起来很荒凉，但在冥古宙末期，地球生物最古老的共同祖先出现了，生命进化的史诗也由此拉开了序幕。

　　地球在诞生之初是难以辨认的。大约 46 亿年前，围绕新生的太阳旋转的尘埃颗粒聚集在一起并相互碰撞，形成了包括地球在内的第一批原行星。这一过程持续了大约 2 000 万年，而这仅仅是地质时间中的一瞬。此时的地球既炽热又混乱，还不断遭到其他原行星和小行星的撞击，所以大部分地表处于熔融状态。岩浆中的重金属下沉形成地核，进而产生了地球磁场。冥古宙这个名称来自古希腊神话中的冥王哈迪斯（Hades），因为这一时期的恶劣环境让人联想到地狱。在冥古宙的大部分时间里，地表温度超过了 200℃，大气中几乎没有氧气，自然也就无法形成臭氧层，这意味着地球遭受着来自暴怒的太阳的致命辐射，因此，此时的地球不适合生命生存。

　　慢慢地，地球冷却下来，并形成了地壳。在冥古宙末期，地壳开始移动，板块运动随之开启。一天，即地球自转一圈，从最初的 4 个小时逐渐延长到了 10 个小时。此时，太阳的亮度只有今天的 70%，月球离地球也更近，在天空中显得硕大无比。大量小行星撞击着地球和早期太阳系中的其他星体，这方面的证据来自坑坑洼洼的月球，它受到了最严重的撞击。在过去的 50 年里，科学家在澳大利亚、加拿大和丹麦的格陵兰岛发现了冥古宙时期的岩石，这些岩石大多通过板块运动实现了循环再生。

　　研究人员认为，地球上的第一个生命可能出现在冥古宙末期，不过目前尚未找到相关的化石证据。这个生命被称为最初的共同祖先（Last Universal Common Ancestor，简称 LUCA），地球上的生命都由它进化而来，而它自己则有可能源于化学反应，某些化学反应产生了简单的有机化合物，其中就有构成生命的组件。科学家利用包括单细胞生命在内的现存物种的基因组来研究共同祖先，并通过分子钟分析来追溯这些生命模式，计算基因突变的数量，从而找出生命之树上不同分支的分裂时间。在早期地球上发育的无数个原始细胞中，只有一个谱系的原始细胞存活了下来，这个简单生命不断分化，为复杂生命的出现创造了条件，并逐渐改变了地球。

月球的诞生

大约在 44 亿年前，一颗名为忒伊亚（Theia）的原行星与地球相撞，月球由此诞生。当时，大部分地表处于熔融状态，岩石中的水和地表水蒸发、遇冷凝结后形成了最初的大气，并留下了二氧化碳、氢气和水蒸气。撞击产生的碎片绕着地球旋转，最终凝聚成了月球。月球最初也处于熔融状态，但只用了不到 100 年的时间就通过冷却和凝固形成了一个"小铁芯"。该起源假说的证据来自其上的岩石，它们与地球上的岩石具有相同的氧含量。

与忒伊亚相撞也许是地球早期历史上最重要的事件。这次撞击可能导致了地球轴线倾斜，这 23.5 度的倾斜产生了四季，高纬度地区则会周期性地避开不断变热的太阳。这次撞击也形成了月球，有了月球，地球上才出现了潮汐。月球与地球之间最初的距离几乎是现在的 1/20。由于潮汐力的减弱，月球以每年约 4 厘米的速度缓慢地向太空飘移，地球自转变慢，而月球自转变快，最终月球被向外抛出去。随着月球离地球越来越远，

研究显示，地球上的一天每 45 亿年就会延长约 19 个小时。

海洋与生命

海洋是生命的摇篮，但海洋并不总是存在于地球上。目前我们还不清楚最初的水来自哪里，毕竟地球在诞生之初温度太高，不可能存在液态水。最初的水可能源自地球与富含水的小行星和原行星的撞击，其中包括形成月球的那次撞击。

尽管处于熔融状态的地表温度很高，但巨大的大气压力阻止了早期海洋水分的蒸发。然而，由于地球的质量较小，水可以摆脱地表的引力，轻松地流到太空。在地诞生后，海洋可能经历了数次从形成到几乎消失的过程。在地球形成后的最初 10 亿年里，地球失去的水量至少相当于一片海洋。

到了 44 亿年前，地球已经冷却到足以形成永久性的海洋和持续性的降雨。此时，海洋覆盖了地球表面的 71%，当大陆板块相互漂移时，水甚至融入了地壳、地幔和地核的矿物当中。据估计，地球内部储存的水可能是地表的 3 倍之多。

太古宙

太古宙时期的地球是一个海洋的世界。绿色的海水比洗澡水还烫，有毒的气体弥漫在大气中，地表温度也非常高。微生物蓬勃发展，释放出了第一批氧气，而复杂生命的出现还要再等几十亿年。

在最初的 15 亿年里，地球上的生存环境依然十分恶劣。虽然我们能找到距今 40 亿～25 亿年的太古宙地层，但由于在漫长的岁月中像毛巾一样被反复加热、折叠，这些岩石往往严重变质了。第一批地块形成于太古宙，它们的碎片至今仍散落在地球上。板块构造已经开始，这些大陆的模样和今天的完全不同。由于地核的热量不断上升，当时的火山喷发比现在更频繁，火山喷发造就的岛弧漂流、汇聚，最终形成了第一批地块。

太古宙时期的原始大陆被滚烫的暗绿色海洋包围，这种奇特的颜色源自水中丰富的铁离子。起初，温度高达 85℃的海水几乎遍布整个地球，在接下来的 20 亿年里，海水逐渐冷却下来。空气温度比冥古宙时期要低，大气中充满了对大多数生命有害的甲烷、氨和二氧化碳。这些气体引发了温室效应，烘烤着整个地球。一天只有 12 个小时，太阳的亮度只有现在的 75%。然而，这个奇异的星球却是生命的摇篮、微生物的沃土。在太古宙末期，第一批氧气渗透到了大气中，

这就是地球历史上的"大氧化事件"（Great Oxygenation Event，GOE）发生的契机。

生命，远超我们的认知

早期微生物的化石大多藏在岩石里，这些岩石是在温暖的浅水环境中形成的。在许多看似不可能存在生命的地方，科学家也发现了生命的痕迹。

例如，科学家在一块 37 亿年前的岩石中发现了一些管状结构，它们有可能是生活在海底热液喷口附近的微生物遗骸。这些喷口如今仍然存在，它们在海水涌出火山加热过的岩石时形成，整体呈塔状，通常位于构造板块边缘或地壳中的热点附近。海底没有阳光，溶解在水中的化学物质维持着一条由微生物、蛤蜊、虾和管虫组成的小而复杂的食物链。这个过程被称为化能营养（chemotrophy），"chemotrophy"一词来自希腊语，意思是化能自养。

光合作用开始了

最早进行光合作用的生命是在太古宙开始进化的，它们都是简单的原核生物，比如细菌和古细菌这类没有核膜包裹着细胞核的生物。出现较晚的真核生物细胞结构更复杂，其细胞核被一层核膜包裹着，复杂的动物、植物、真菌和原生生物都是由真核细胞进化而来。

最初的原核生物很可能以溶解在水中的化学物质为食，后来，一些原核生物将太阳光作为其新陈代谢的燃料，并释放出氧气。在向大气输送氧气这种赋予地球生机的气体方面，叠层石中的蓝细菌发挥了重要作用。大约 10 亿年后，氧气水平才上升到足以推动复杂生物进化的程度。

生命的薄层

地球上一些最古老的生命模式被记录为叠层石。叠层石虽然看起来像没有生命的岩石，但其表面曾经布满了数以百万计的蓝细菌，后者的能量来自太阳。叠层石呈柱状、穹状或锥状，长度可以超过 1 米，但只有表面分布着生物。叠层石的形状取决于其表面沉积的物质，这些物质由蓝细菌分泌的黏液黏合在一起，硬化后形成碳酸钙，形成像洋葱皮一样一层层的结构。这些生命之层藏在曾是宽阔浅海的地层中，代表地球上最古老的生物之一。

有些叠层石的结构是通过非生物过程形成的，比如通过海水中的碳酸盐沉淀。在化石记录中，生物叠层石和非生物叠层石很难区分，有些叠层石的结构十分复杂，其形成过程离不开生物的帮助。在太古宙和元古宙，叠层石很常见，但随着复杂生命不断进化，越来越多的复杂生命以叠层石上的微生物群落为食，叠层石的数量便随之减少。如今，叠层石主要存在于极咸（高盐）环境中，如澳大利亚的鲨鱼湾，这样的环境能使叠层石上的微生物群落免遭动物捕食。

元古宙

元古宙是地球地质年代中时间跨度最大的一个纪元，持续了惊人的 20 亿年。它记录了一系列重大事件，从改变进化过程的氧气释放，到几乎造成生物大灭绝的全球大冰期。有性生殖首次出现，第一批多细胞生命于元古宙末期在海底繁殖，由此开启了一个奇异而美丽的生物世界。

元古宙占据了地球生命中 40% 以上的时间。它紧随太古宙，始于 25 亿年前，结束于 5.41 亿年前。在这段时间里，地球变成了我们所熟知的模样。元古宙末期，一天的长度达到了 23 个小时，大气和海洋中的氧气越来越多，大部分地表被泛大洋和泛非洋覆盖着。地球上的构造运动非常活跃，随着山脉抬升和火山爆发，陆地得以不断升高。大约 43% 的大陆地壳形成于元古宙，这种地壳越来越稳定，足以承受深时的破坏。陆地仍然是贫瘠的，只有细菌和后来的真菌生物在其表面定居。

大氧化事件

在太古宙，大气中的氧气开始增加，在临近元古宙时，大气中的氧含量突然激增。这场"大氧化事件"被认为是由新型蓝细菌引起的，它们会进行光合作用，释放出作为副产品的氧气。起初，氧气与铁发生反应，以铁锈颗粒的形式沉入海底，大约 5 000 万年后，海洋中铁的含量大幅降低，氧气终于能够从海底上升到大气中。

复杂生命的出现离不开氧气。如果没有充足的氧气为细胞内的化学反应提供燃料，多细胞生物就可能无法进一步进化。氧气是一种化学性质比较活泼的气体，很容易和别的化学物质形成新的化合物，进而创造出充满营养物质的生态系统。与此同时，通过固氮作用这一过程，氮被转化为铵盐类的化合物，可用于基本的生物过程。

剧烈的大气变化也带来了负面影响，因为氧气的增加是以消耗温室气体为代价的。与我们当前面临的气候危机不同，元古宙时由于二氧化碳和甲烷含量降低，全球气温骤降，加上反照率效应，引发了全球性的大冰期。

雪球地球

在 6.35 亿年前，地球被冰雪包裹着。这种情况发生过不止一次，并且推动了复杂生命的出现，这听起来是不是有点不可思议？关于雪球地球的证据来自冰川沉积物和"落石"，这些"落石"是冰川从古代大陆的表面刮下来的，它们被带入海洋，沉入海底。这种残留着雪球地球痕迹的岩石几乎遍布全世界，包括当时的热带地区。

雪球地球的成因可能是大气中的温室气体被氧气取代，也可能是地球轨道和太阳能的变化，甚至是火山爆发。罗迪尼亚超大陆出现的位置和断裂可能改变了海洋化学，致使冰盖增厚。不断增长的冰川引发了反照率效应，即冰川的白色表面将太阳光反射回大气层，使地球进一步冷却。全球气温骤降到比现在的南极还低。在寒冷的冰层下，生命仍然存在。

经过数百万年的时间，火山喷发和微生物活动释放出了足够多的二氧化碳和甲烷，气温因此升高，大片海洋冰层融化，形成了一层厚达 2 000 米的海洋泥浆。这片黑色水域扭转了反照率效应，它不断吸收太阳的热量，直到地球上的冰雪再次融化。生命体必须坚韧地承受着剧烈的气温波动，对这种过山车式变化的适应也可能推动了它们朝着复杂生命进化。当地表解冻后，生命逐渐遍布了整个世界。

真核生物——复杂生命的开始

真核细胞是地球上所有复杂的多细胞生命的基础，它诞生于 27 亿年前，由两个独立的细胞结合而成。真核生物创造了有性生殖，随之而来的是自然选择过程的主要机制。

真核生物的细胞是细胞核被核膜包裹的有机体。它还具有细胞器，即细胞中执行特定功能的部分，就像人体器官的微缩版本。真核生物的细胞器包括线粒体和叶绿体。现今地球上所有的复杂生命都是由真核细胞构成的，人类也不例外。作为每个生命体的基石，真核细胞携带着进化的蓝图。

第一种确定的真核生物的化石出现在元古宙。在大约 10 亿年的时间里，真核生物一直是地球生命中的少数，后来才进化出一系列复杂的生命模式。我们尚不知道真核生物是如何出现的，最有可能的解释是，两个独立的简单细胞形成了一种互利共生的关系，最终一个细胞并入另一个细胞，成为后者的一部分。并入的细胞可能变成了后来真核细胞中的线粒体。

地衣　最早的真核生物包括藻类和真菌。目前，它们的实体化石记录可以追溯到距今 10 亿年前，而它们诞生的时间可能更早。人们已经发现了可能源自藻类或真菌的实体化石，比如在 27 亿年前的岩石中发现的古石油，它可能是由生活在太古宙的简单真核生物形成的。

真菌和藻类通过互利共生构成了地衣，这种生物在今天仍然很常见。在地衣中，藻类或蓝细菌生活在真菌中，通过光合作用为宿主提供营养，以此换取庇护和水分。最古老的地衣化石来自苏格兰的莱尼埃燧石层（Rhynie Chert），距今大约 4.1 亿年。

右图注：甲藻是一种生活在海洋和淡水中的单细胞真核生物。

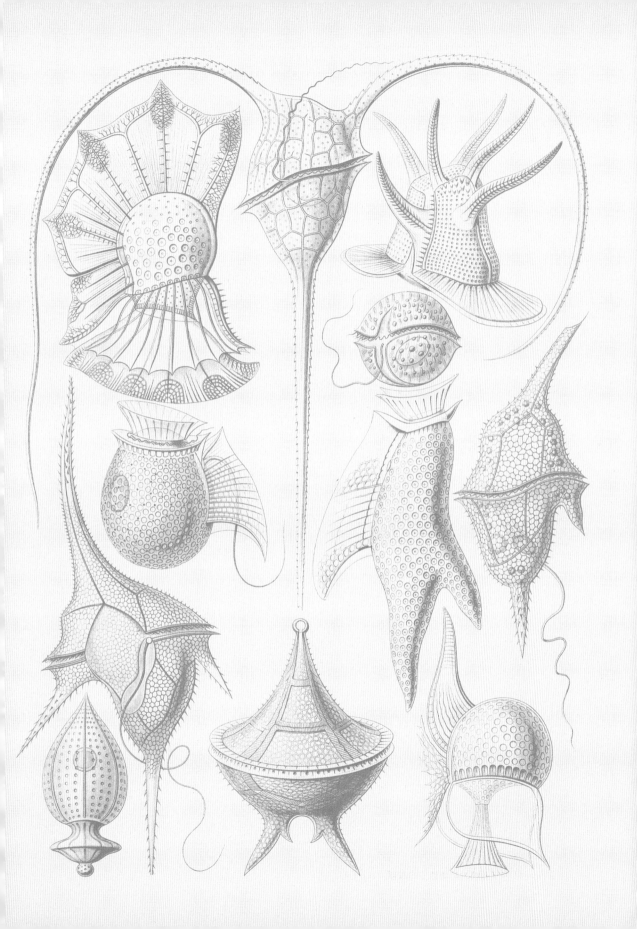

笼脊球也是最早的真核生物之一，最古老的笼脊球化石来自中国，距今大约 6.09 亿年。这种生物的直径不到 0.5 毫米，看起来像一个缩小版的乒乓球。它可能代表了一个多细胞生物的胚胎，并且有可能是埃迪卡拉生物群（Ediacaran Biota）中的新兴动物的前身。

**有性生殖的
重要性**

有性生殖拥有诸多优势，例如，它允许基因重组，产生的突变具有自然选择中的随机性。正因如此，有性生殖的生物往往能够更好地适应环境变化、承受捕食压力、抵御疾病和寄生虫。

真核生物的有性生殖由两个细胞各自为其"后代"贡献一半的遗传物质。对真核生物来说，有性生殖是一种非常古老的方式。关于有性生殖的最早证据来自一种名为 *Bangiomorpha* 的红藻，它生活在 10 亿年前。

有性生殖的出现是生命大爆发的前奏。换言之，如果没有有性生殖，现今地球上的生命既不会如此复杂，也不会令人兴奋。

右图注：硅藻是一种生活在海洋、淡水和土壤中的藻类。

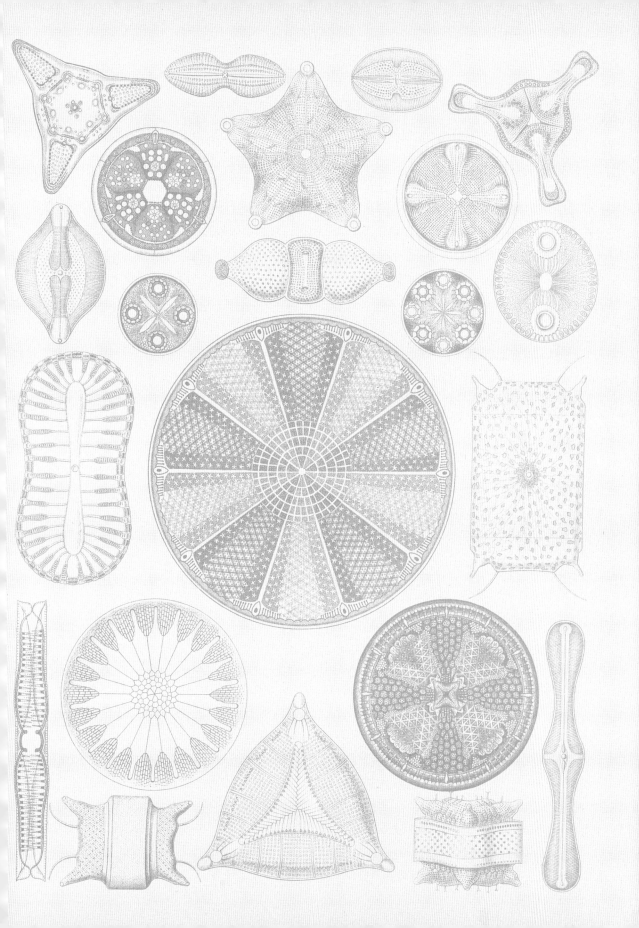

埃迪卡拉纪

在神秘的埃迪卡拉纪，即元古宙的最后一个时期，第一批多细胞动物出现了。这种独特的生命模式曾遍布海底，却在进化史上突然消失。得益于最新的化石发现，人们才开始了解这个时期的生命。

神秘的埃迪卡拉纪从 6.35 亿年前持续到 5.41 亿年前。它的名字来源于澳大利亚的埃迪卡拉山（Ediacara Hills），地质学家在那里首次发现了这一时期的化石，那些化石改变了我们对地球上多细胞生物的起源的看法。虽然埃迪卡拉纪的地球与今天的相似，但是大陆都集中在南半球，北半球则是一片海洋。那时，月球与地球之间的距离比今天更近，从而引发了更强的潮汐冲刷着贫瘠的海岸线。冈瓦纳大陆形成于埃迪卡拉纪末期，它包括今天南半球的大陆中的核心部分。在接下来的 3.5 亿年里，冈瓦纳大陆逐渐并入盘古大陆，最后在侏罗纪开始解体。

第一批复杂的多细胞生命体被称为埃迪卡拉生物群。这些生物的化石很稀少，也很难开展研究，因为它们大多是软体生物，不具备坚硬的外骨骼。它们具有不规则的轮廓和怪异的外形，有些形似蕨类植物的叶子，有些则长着果冻状的斑点，长度从 1 厘米到 2 米多不等。令人惊奇但又难以解释的是，它们中的一部分可能是延续至今的某些谱系的生物的祖先。

阿瓦隆大爆发

过去，人们认为复杂的动物起源于埃迪卡拉纪之后的寒武纪。现在人们认识到，在埃迪卡拉纪之前就存在生物辐射，这些生命出现在全球性的大冰期（雪球地球）之后不久。这个时期的化石的突然增加被称为"阿瓦隆大爆发"（Avalon Explosion），这一名称取自加拿大纽芬兰岛上的阿瓦隆半岛，人们在那里发现了保存非常完好的埃迪卡拉纪化石。现在，澳大利亚、纳米比亚、俄罗斯和中国都有非常著名的埃迪卡拉生物群化石遗址。

阿瓦隆大爆发提高了先锋生物的多样性。目前已有上百种不同类型的埃迪卡拉动物得到了确认，大部分是软体动物，只有少量像克劳德管虫这样的动物产生了坚硬的外骨骼。与后来的动物不同，这些动物大多有着奇特的身体，我们很难厘清它们的进化关系。

第一次生物大灭绝?

埃迪卡拉纪在 5.41 亿年前结束,独特的动物大多也消失了。这可能是地球上第一次生物大灭绝,其原因或许是罗迪尼亚超大陆解体导致的海洋环流的突然变化,这一变化有可能降低了海洋中的氧气水平。正因如此,这一事件才被称为"缺氧事件",而在缺氧条件下形成的黑色页岩沉积物就是证据。如果真相确实如此,那这堪称复杂生命历史上最糟糕的缺氧事件之一。

埃迪卡拉纪生物群消失的另一个原因可能是新型的生物体进化出来了,它们以将海床表面连接起来的微生物垫(microbial mat)为食。这些微生物垫是埃迪卡拉生态系统的重要组成部分,它们为生命提供了稳定的栖息地和落脚处,但也阻止了营养物质与氧气在水和海底沉积物之间的循环,使海洋变得贫瘠。在寒武纪早期,穴居动物的数量突然增加,可能就是它们破坏了微生物垫,取而代之的是一个崭新又繁荣的寒武纪生态系统。

加尼亚虫——最早的动物

加尼亚虫是一种生活在 5.5 亿年前的奇特动物。它是最早出现的多细胞生物之一，属于一个至今尚未被破解的生态系统。埃迪卡拉纪出现了许多奇异的生命，加尼亚虫就是其中之一，它的身体与今天的所有生物都不同。与加尼亚虫生活在一起的动物具有最早的外骨骼，它们用坚硬的外壳来保护自己，以便在日益恶劣的环境中存活下来。

加尼亚虫是一种生活在埃迪卡拉纪的生物。除不列颠群岛外，澳大利亚、俄罗斯和加拿大的一些化石遗址中都有它的身影。它的长度超过半米，看起来像植物，但它的解剖学特征表明它并不属于植物界。加尼亚虫最初被认为是一种藻类，后来又被认为是一种海笔（由许多水螅虫群居形成的生物体）。虽然加尼亚虫和海笔看起来很相似，但进一步的研究表明，加尼亚虫的生长方式与众不同，它会在叶状器官顶端而不是基部长出"新芽"。加尼亚虫生活在相对较深的海床上，并被一个圆形的固定器锚住。由于海底缺少阳光，加尼亚虫无法进行光合作用，它也没有嘴或消化道。它的叶状器官可能是用来过滤食物或从周围的海水中吸收营养的。它的身体平面上具有交替的分支，缺乏现今大多数生物体具有的两侧对称性（沿着中心轴对称）或径向对称性（围成圈）。一些研究人员认为加尼亚虫是一种独特的生物，很可能与任何现存的动物都没有密切的关系。

加尼亚虫化石已经成为埃迪卡拉生物群的一个标志。它是首个被确认为是前寒武纪的化石，而多细胞生物被认为最早出现在寒武纪。加尼亚虫化石于 1956 年在英国莱斯特（Leicester）附近的查恩伍德森林被发现。最初的发现者是一个名叫蒂娜·尼格斯（Tina Negus）的女孩，她把自己的发现告诉了地质学老师，但这个标本所在的地层被认为太古老而不可能有化石，所以她的发现并未得到重视。第二年，一个名叫罗杰·梅森（Roger Mason）的男孩发现了同样的化石，而他的发现受到了人们的重视，随后，这块化石中记录的生物以他的姓命名为 *Charnia masoni*。

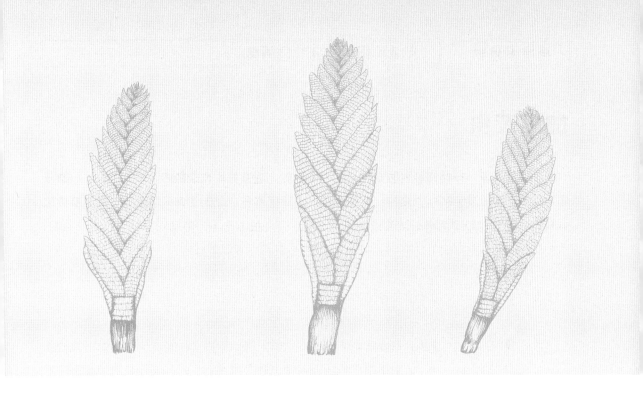

后来，尼格斯的贡献得到了认可，梅森和尼格斯因发现了加尼亚虫化石而共享殊荣，而且尼格斯被认为是真正的第一个发现该化石的人。与埃迪卡拉纪的许多生物一样，加尼亚虫身上仍然谜团重重。

动物、植物、矿物

在埃迪卡拉纪的众多奇怪而黏糊糊的动物中，有一些逐渐形成了坚硬的外骨骼，克劳德管虫就是其中之一。克劳德管虫像一个奇特的小杯子，它们常常聚在一起，组成"礁石"。克劳德管虫能从一根手指那样的宽度长到比手掌还长，它们的外形尚不可知，体内或外围可能存在软体部分。尽管克劳德管虫在某些地层中数量极多，但它们从未与软体动物一起出现，这表明克劳德管虫和软体动物生活在截然不同的环境中。克劳德管虫的外骨骼暗示着一场全新的竞赛已经开始，即捕食者和猎物之间的生死搏斗。在某些地方发现的克劳德管虫化石中，多达 1/4 的克劳德管虫的骨骼上有洞，这些洞可能是其他生物攻击或钻入造成的。无论攻击者或钻入者是谁，它都是一个目标明确的猎人，因为与克劳德管虫生活在一起的类似的有外骨骼生物身上并没有这样的洞。克劳德管虫化石是有关对抗捕食的最早证据之一，捕食者和猎物之间的搏斗一直影响着生物的进化过程。

金伯拉虫——最早的两侧对称动物

金伯拉虫是一种两侧对称的动物。这种鼻涕虫（蛞蝓）状的生物生活在埃迪卡拉纪的海底，那里布满了微生物。尽管我们尚未了解它的亲缘关系，但数千块保存完好的金伯拉虫化石展示了它整个生命周期的各种细节。

金伯拉虫的身体呈椭圆形，长度可达 15 厘米，看起来像一个没有柄的勺子，外缘有图案，上表面有斑点。大约 5.55 亿年前，金伯拉虫生活在现今的澳大利亚和俄罗斯的浅海海底。在这个宁静而清苦的环境中，金伯拉虫以厚厚的微生物垫为食，并与其他神秘的埃迪卡拉生物一起在日益富饶的水域中繁衍生息。

在这一时期以海底为家的众多奇异生物中，金伯拉虫极为重要，因为我们可以通过它获知动物王国中最基本的划分方式。随着第一批生物对它们的身体进行"试验"，其中一些产生了在寒武纪及以后繁衍生息、蓬勃发展的谱系，另一些则再也没有出现过。由于上千块化石展示了金伯拉虫的不同生命阶段，因此，金伯拉虫比这一时期的其他生物更广为人知。它是追溯其他支系的关键，揭开了生命进化故事中发生改变的重要时刻。

双侧镜像 最初，人们认为金伯拉虫是一种水母，现在则认为它是软体动物门的一个远古近亲。这方面的证据来自金伯拉虫化石附近的奇怪划痕，这些划痕可能是它的口器（齿舌）留下的。蜗牛等软体动物会利用它们的齿舌来切割和摄入食物，比如从岩石表面刮取海藻。虽然研究人员没有在金伯拉虫化石中找到它的齿舌，但这些划痕告诉我们，这种古老的软体动物生前可能拥有齿舌。此外，金伯拉虫身体外有壳，壳边缘可能有肌肉足。综上所述，金伯拉虫的身体结构表明它极有可能是软体动物远古时期的近亲。

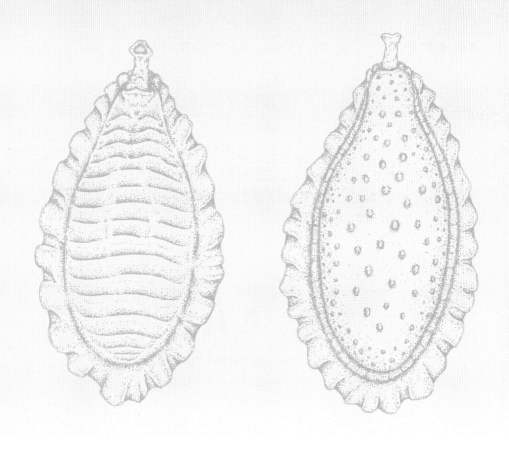

虽然金伯拉虫是否与软体动物关系密切尚存争议，但大多数研究者都认为它是已知的最古老的两侧对称动物，这种动物的左右两侧身体互为镜像。两侧对称动物不仅有消化道，还有独立的嘴和肛门。地球上的大多数复杂生物都是两侧对称的，不过有些生物在成年后会失去这种对称性。例如，海星和海胆等棘皮动物在胚胎时期是两侧对称的，成年后则变成了径向对称的。金伯拉虫的出现代表着进化史上的一个转折点，为地球上的大部分动物勾勒出了生命蓝图。

THE EARTH

02
古生代

古生代包括寒武纪、奥陶纪、志留纪、泥盆纪、石炭纪和二叠纪，在此期间，生命经历了一段无与伦比的旅程。从海底的第一批多细胞生物开始，生命就在地球上出现了。植物、无脊椎动物和脊椎动物先后不惧危险地从水中冒出来，产生了新的食物网，并建立起全新的栖息地。气候和大陆布局的巨大变化不仅塑造了地貌，而且推动了进化。山脉和海洋将生物群体分隔开来，内陆腹地干旱缺水，赤道上的海岸线则遭受着雨水的冲刷。随着地球环境变得反复无常，生物要么适应，要么消亡。古生代始于 5.41 亿年前的埃迪卡拉纪末期，止于 2.52 亿年前的生物大灭绝，而后者几乎使生命完全消失。

地球上的生命在古生代的进化无疑是有史以来最激进的。各类动物群体在进化史上闪亮登场。作为一种具有外骨骼、分段身体和关节四肢的无脊椎动物，节肢动物在海洋王国中发展壮大。摩托艇般大小的海蝎子在满是浮游生物的水中捕猎和觅食。脊椎动物也出现了，并迅速成为海洋霸主。在陆地上，第一批森林覆盖了大地，最初主要是石松的巨型近亲，后来则由针叶树和苏铁等裸子植物主导。随着时间的推移，地貌不断发生变化，从冰雪世界到潮湿的森林沼泽，再到炎热干涸的沙漠。到了石炭纪，节肢动物已经摆脱了水的束缚，进化成了像海鸥一样大的巨型昆虫，并从地球历史上氧气含量最高的大气中获得能量。肉鳍鱼跟随节肢动物的脚步，从岸边迈出了走向陆地的第一步。

四足动物的祖先很快就分成了三大支系，即两栖动物的祖先、爬行动物的祖先和哺乳动物的祖先。羊膜卵的出现将这些动物从水中解放出来，到了二叠纪，它们的数量迅速增加，体型和生活方式也变得丰富多样。

此时的地球上居住着我们今天所知的主要动物群体的祖先。在古生代末期，海洋中和陆地上的生态系统变得十分复杂，其中充斥着我们可能认识的生物，以及应该出现在科幻小说而不是现实中的怪异的人类远亲。然而，一场前所未有的生物大灭绝结束了这一切，复杂生命花了很长时间才又出现在躁动的海洋世界里。随着埃迪卡拉纪"β 版"测试的完成，大自然的神力让古生代的地球充满了奇妙的生命。

寒武纪

5.41亿~4.85亿年前，大量的浅海为复杂生命提供了
完美的栖息地。

泛大洋占据了北
半球。

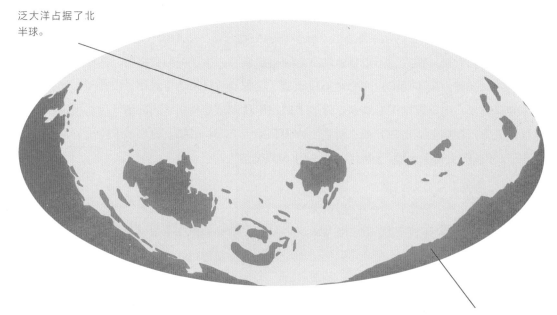

大陆拥有一个由微生物、真
菌和地衣构成的简单地壳。

志留纪

4.44亿~4.19亿年前，地球上出现了土壤，植物和节
肢动物得以在陆地上定居。

北部的大陆相互碰撞，
形成了欧美大陆。

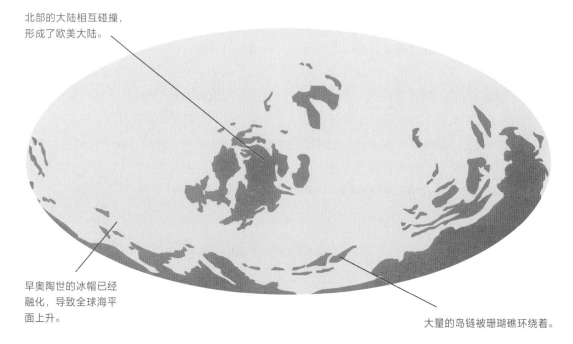

早奥陶世的冰帽已经
融化，导致全球海平
面上升。

大量的岛链被珊瑚礁环绕着。

石炭纪

3.59亿～2.99亿年前，大气中的氧气含量为35%，是生命史上最高的。

大多数大陆被温度较高的森林沼泽覆盖着，从而形成了煤矿。

在这一时期的大部分时间里，极地的冰川越来越多。

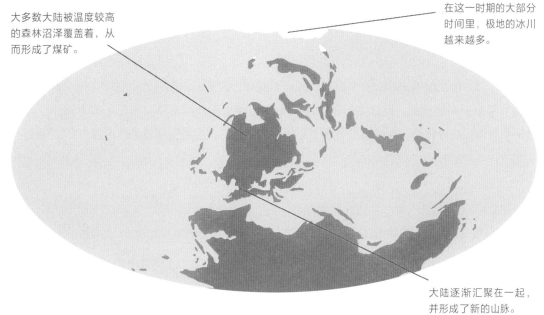

大陆逐渐汇聚在一起，并形成了新的山脉。

二叠纪

2.99亿～2.52亿年前，在二叠纪末期，西伯利亚的火山喷发造成了有史以来最大规模的物种灭绝。

超大陆的中心很干旱，海岸线则常年季风吹拂。

超大陆——盘古大陆形成了。

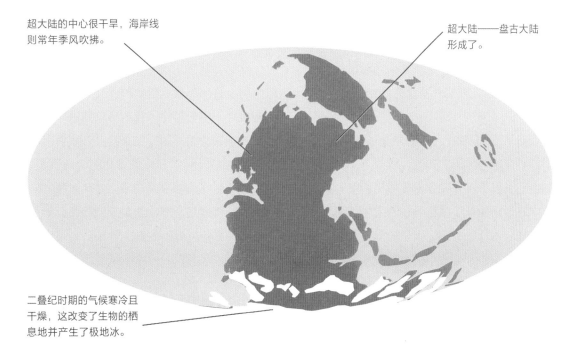

二叠纪时期的气候寒冷且干燥，这改变了生物的栖息地并产生了极地冰。

寒武纪

在 5.41 亿年前的寒武纪，一场革命搅动了海底，拉开了古生代的序幕。这预示着现代生物的大部分祖先的登场，包括第一种确定的无脊椎动物和脊椎动物。在此之前的大部分时间里，生物缓慢地进化着，此时突然变成了无数种形式，有些生物甚至朝着岸边迈出了第一步。

寒武纪是古生代的第一个纪，始于 5.41 亿年前，并持续了 5 600 万年。此时的地球虽然看起来和以前相似，但随着罗迪尼亚超大陆的解体，大量新的浅海形成，为生命的繁衍生息创造了环境。后来，北方大陆与其他大陆分离，漂浮在广阔的泛大洋上。冈瓦纳大陆则占据着南半球，它包括现在的非洲、南极洲、南美洲和澳大利亚等。这片巨大的大陆切断了海洋环流，致使温暖的表层洋流无法到达南极，进而使全球气候变冷。即便如此，地球当时的年平均气温仍然比现在高 7℃左右，两极几乎没有冰。

在寒武纪伊始，海底发生了一起改变了世界的事件。我们知道，埃迪卡拉纪早期的生态系统中存在着厚厚的微生物垫，第一批穴居动物破坏了微生物垫，引发了海洋生态系统的革命，产生了大量营养物质，创造了新的生态位，生命模式也因此变得丰富多样。得益于世界各地保存完好的化石，科学家对这些生物非常了解。

在寒武纪早期，浅海中并没有多少生命，大多数动物仍然潜伏在海底。在寒武纪的化石中，三叶虫等节肢动物是最常见的，也是生态系统的主要组成部分。有些动物有软组织和坚硬的外壳，还有一些已经被确认为昆虫和甲壳纲动物的祖先。脊椎动物的祖先开始了进化之旅，逐渐长出脊索和头骨的雏形，而脊索和头骨构成了脊椎动物的基础结构。

此时，陆地上的植物还没有开始进化，微生物、真菌和地衣仍然覆盖着大地。通过一些留存下来的足迹，我们得以知道寒武纪的一些动物开始了第一次冒险。普罗蒂奇尼特（*Protoichnites*）和栅形迹化石告诉我们，有些海洋生物能够穿越潮滩。横穿潮滩的一排排圆点可能是节肢动物留下的脚印，而像鼻涕虫一样的软体动物则在沙地上画出了一条条线。

寒武纪大爆发

人们曾经认为，所有的多细胞动物都起

源于寒武纪。19世纪时，欧洲科学家在寒武纪的岩石中发现了大量多细胞动物的化石，便急切地宣布这是生命起源的证据，并称之为"寒武纪大爆发"。现在我们已经知道，在寒武纪之前就出现了复杂动物，只是寒武纪时期的它们才被识别出来。

这么多新动物突然出现，可能有三个原因。首先，臭氧层在寒武纪正式出现，它对大气中的氧离子起到了"保护罩"的作用，可以过滤来自太阳的有害辐射，并保护生物体免受致命伤害。其次，地球本身的运动也发挥了作用，因为随着大陆的移动，火山活动和山脉风化可能对海洋化学产生了影响，增加了海水中钙元素和磷元素的可用量，在此基础上，动物才能进化出外骨骼。最后，中枢神经系统、身体肌肉组织和眼睛等感官系统的出现可能推动了物种多样化进程。始于埃迪卡拉纪的进化竞赛在寒武纪突然加速，捕食者提高了自己的捕猎技能，它们的猎物则进化出了更厚的外壳，并找到了对抗捕食者的新方法。

三叶虫——古生代的标志

三叶虫化石可能是世界上最有名的化石。这种无脊椎动物的存在时间跨越了整个古生代，并一直生活在海洋里。由于三叶虫的种类丰富多样，几个世纪以来，人们一直通过研究其化石来了解地质年代，进而绘制出进化过程。

虽然三叶虫早已灭绝，但它在地球上存活了近 3 亿年，这使它成为有史以来进化最成功的生物之一。它们的化石最常见、最易认，也最早获得了欧洲科学家的广泛关注，北美洲和澳大利亚的原始居民还将这种化石作为护身符来佩戴。

作为一种海洋生物，三叶虫拥有坚硬的外骨骼，其外骨骼由三部分组成，故得名"三叶"。三叶虫化石中保存的正是其外骨骼。三叶虫的种类繁复多样，包括滤食性的、捕食性的、底栖型的和游动型的。它们生活在世界各地的浅水区和深水区，体型不一，最小的只有几毫米长，最大的则超过半米，后者的体重与一只肥猫相当。

三叶虫出现在早寒武世，是地球上最早出现的节肢动物之一。随着三叶虫的生长，其外骨骼会定期蜕去，有时，地层中就只有这些被丢弃的外骨骼，它们像脏衣服一样被遗弃在那里。三叶虫虽然在形态上千差万别，但大部分都长着用于防御或战斗的尖刺和角。它们还拥有超级复眼，每只小眼内都有坚硬的晶状体。

三叶虫的某些部位很柔软，比如鳃和触角，不过这些部位很少被保存下来，它们的内部器官更是几乎不为人知。三叶虫化石在古生代的地层中很常见，它们揭示了大陆漂移等地质机制以及漫长的进化过程。

右图注：三叶虫是一种
已经灭绝的节肢动物。

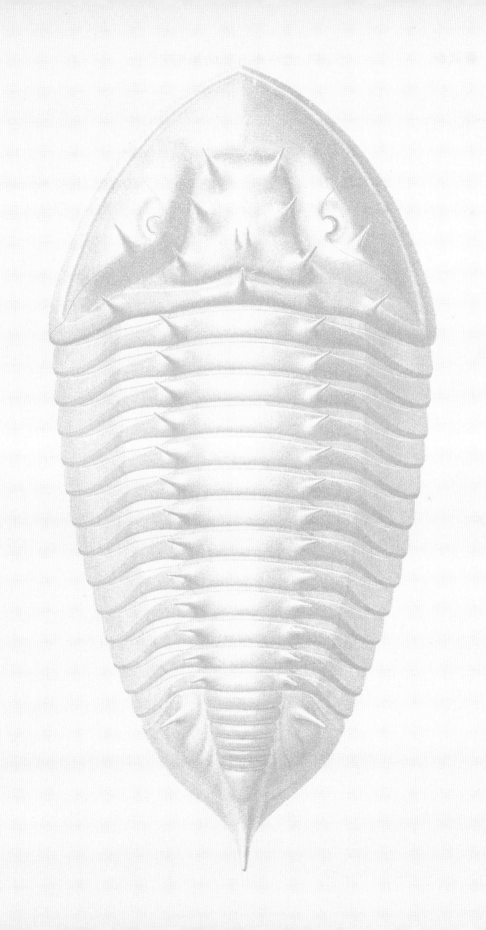

寒武纪	5.41 亿～4.85 亿年前

三叶虫是突然出现在寒武纪的地层中的，就像从太空中掉下来的一样。这表明三叶虫最初的进化速度非常快。它们的祖先可能生活在埃迪卡拉纪，不过这一点尚未得到证实。三叶虫化石之所以在古生代的岩石中如此常见，是因为其坚硬的外骨骼很容易保存下来。世界各地已经发现了 2 万多种三叶虫化石，其数量之多、种类之丰意味着我们可以用它们来定义不同的时间段，以不同种类的三叶虫化石是否存在为标志。这样的化石被称为指准化石。科学家通过观察三叶虫化石的变化来区分寒武纪的大部分地层，这些三叶虫化石就像一个在时间长河里嘀嗒作响的化石钟。

一个时代的终结

三叶虫虽然是古生物学的标志性符号，但只生活在古生代。在古生代的前两个时期——寒武纪和奥陶纪，它们蓬勃发展，而到了泥盆纪，它们就开始衰落。在二叠纪末期，三叶虫在有史以来最大规模的生物大灭绝中消失了。

得益于自身美丽的形状和只存在于古老的岩石中，几千年来，三叶虫化石一直受到人类的珍视。考古学家在法国屈尔河畔阿尔西（Arcy-sur-Cure）的山洞里发现了一块三叶虫化石，在 1.5 万多年前，它似乎是作为吊坠佩戴的，由于经过了打磨处理，我们无法辨别出它的具体种类。中国古代的手稿中也有关于三叶虫化石的记载，它们因形态和美感而受到重视。古希腊人和古罗马人就三叶虫的用途展开过讨论。北美洲的一些原始居民将三叶虫化石当作护身符或圣物，霍皮人和克劳人还经常将它们放在药包里。

三叶虫化石至今仍然是化石贸易中的主要商品，在世界各地的礼品店出售，甚至被制成珠宝首饰。三叶虫出现在许多品牌的标志中，它是古生物学的永恒符号，也是美丽又古老的地球的象征。

右图注：三叶虫的形状和大小丰富多变，它们因此成为地质年代变更的理想标志。

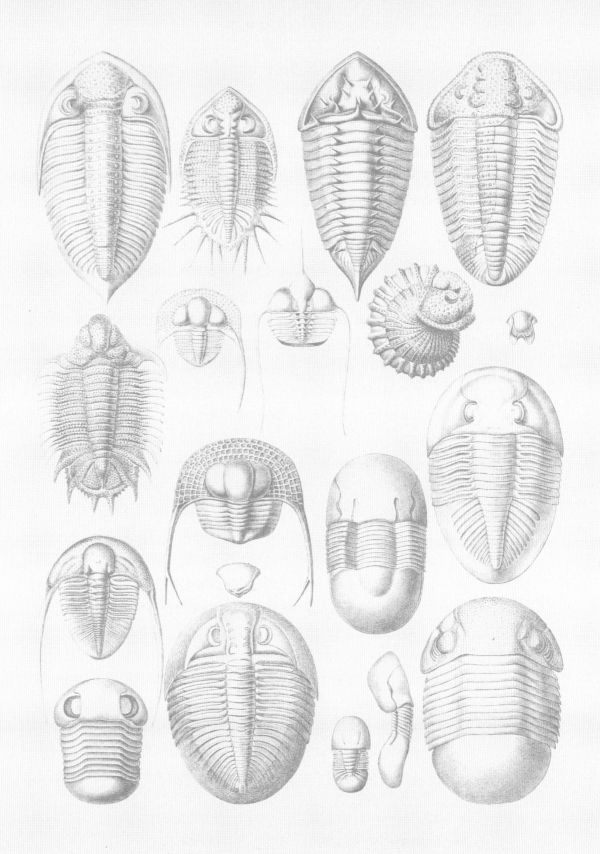

昆明鱼——最早的脊椎动物

所有脊椎动物的祖先都生活在生机勃勃的寒武纪海洋中，其中就包括像昆明鱼这样的生物。昆明鱼是一种在中国的地层中发现的小型矛状生物，最早拥有脊索和脊椎动物特征，这些特征为脊椎动物的进化提供了蓝图。

昆明鱼看起来像一片漂浮的叶子。它是一种微小的生物，只有 2.5 厘米长。它没有下颚，可能以经过自己身边的浮游生物为食。昆明鱼虽然不起眼，却拥有现今所有脊椎动物的基本结构，即脊索（脊柱的前身）、明显的头和尾，以及包括眼睛在内的成对的感觉器官，还有由一节一节的肌肉块组成的身体。昆明鱼化石出土于中国的云南省，这些化石保存了非常详细的信息，显示出昆明鱼有 6 个鳃，身体上有十分明显的"之"字形肌肉段。虽然我们还不知道昆明鱼在动物系统发育树上的确切位置，但它肯定是已知最古老的脊椎动物，这暗示了我们的身体是如何从地球上最初的生命进化而来的。

脊椎动物比我们想象的更古老

昆明鱼的发现改写了脊椎动物出现的时间。研究人员曾认为，与无脊椎动物相比，脊椎动物出现得要晚一些。现在看来，脊椎动物似乎也诞生于寒武纪早期的生命大爆发。这表明推动寒武纪大爆发的力量是普遍的，而且这场大爆发发生的速度非常快。像昆明鱼这样的动物的化石由于保存得异常完好，人们能够轻松地解开它们背后的秘密。通常情况下，只有外壳和骨骼等坚硬部位才会形成化石，但在某些情况下，皮肤、毛发和内脏等脆弱的动物组织也能在经历了漫长岁月后留存下来。保存着这种化石的地层被称为化石库（Fossil-Lagerstätten），"Lagerstätten"一词来自德语，意为"储存地"。化石库的形成条件各不相同，一般需要生物体被细小的沉积物掩埋在缺氧环境中，因为这样可以减缓生物体的分解。公认的化石库目前已经超过了 75 个，其中至少有 11 个来自寒武纪。多亏了化石库，我们才得以深入了解动物进化之初的情况。

右图注：昆明鱼是一种生活在 5.2 亿年前的脊索动物，是最早的脊椎动物。

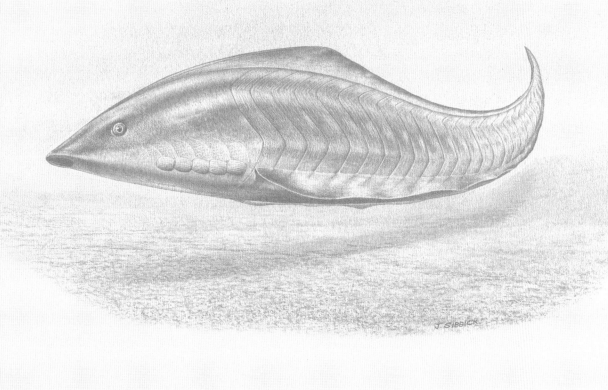

奥陶纪

在奥陶纪，地球上的绝大多数地方都被水覆盖着。新型生物继续在浅海中进化，许多动物在珊瑚礁中生存。早期陆生植物在河岸和海岸边肆意生长，这些湿地逐渐绿意盎然。地球历史上第一次生物大灭绝的到来宣告了奥陶纪的终结，并改变了生物进化的方向。

奥陶纪是古生代的第二个纪，始于4.85亿年前，持续了4 100万年。在寒武纪大爆发之后，生物进化的步伐放慢了，但到了奥陶纪，进化被重新激活，生物种类空前繁多。这一事件被称为"奥陶纪生物大辐射"（Great Ordovician Biodiversification Event），它标志着许多早期生物群的消亡，取而代之的是一个繁盛的新生物群，这些新生命穿梭在浩瀚的海洋中。海平面上升，达到了整个古生代的最高水平。泛大洋仍然覆盖着大半个地球，原特提斯洋（Proto-Tethys Ocean）和古大西洋（Iapetus Ocean）等面积较小的海洋则在漂移的大陆之间晃动，创造了浅海栖息地。在奥陶纪末期，海平面下降，气温随之降低，灾难性的冰期和生物大灭绝接踵而来。

进化继续推动生物体提高自身的适应能力。在植物界，早期维管束植物可能在这一时期出现，这种植物内部具有能运输水和营养物质的通道。在海洋中，珊瑚群落正在重建海床上的栖息地。节肢动物等无脊椎动物继续繁殖，并出现了包括腕足动物和软体动物在内的众多有壳动物。在脊椎动物中，最早的有颌鱼类出现了，这是脊椎动物进化史上的一个重大事件。

科学家认为，小行星撞击在奥陶纪极为频繁，其次数是最近地质年代的100倍。从星体零散小碎片的掉落到堪比氢弹爆炸的碰撞，这些撞击对地球及其环境产生了深远影响，科学家甚至推测，这样的撞击在一定程度上推动了自然选择的进程。

生物大辐射

奥陶纪生物大辐射是生命史上的一个重要事件。在这一事件中，动物的门类增加了两倍，它们创造的新型生态系统中充斥着滤食性动物。浮游生物的种类越来越丰富，分布也越来越广泛，这种微小生物至今仍然支撑着世界各地的海洋食物链。一种名为笔石的动物以前只在海床上觅食，后来则会离开海床去捕食微小的浮游生物。在此之前，地球上的动物都很相似，随着它们获得捕食和防御的新方法，其生存方式也变得有所不同。大规模的珊瑚礁也形成于这一时期，这些水下城市为其他生物创造了新的生存空间。

生物大灭绝

地球的进化史曾多次被生物大规模灭绝中断。就灭绝物种的数量和影响范围而言，有 5 次被确定为生物大灭绝。第一次残酷的生物大灭绝发生在奥陶纪末期，是由一次冰期引起的。当时，冰盖以现在的撒哈拉沙漠为中心，那时的撒哈拉沙漠位于南极附近。

冰川冰的增加降低了海平面，使大片海洋栖息地升高、变干，并使海洋的年平均温度降到比今天的年平均温度低 5℃。全球气温处于自雪球地球以来的最低水平。这次冰期可能是由小行星撞击引发的，撞击造成了大气中尘埃增多，阻挡了太阳光线。新型植物的生长和岩石的风化降低了大气中二氧化碳这一温室气体的含量，这进一步增强了冷却效果。在这次生物大灭绝中，大约 61% 的海洋生物彻底消失了。上述过程发生过不止一次，每次深度冷冻循环都会导致某些生物灭绝。尽管如此，生命还是找到了一条出路。

珊瑚——最早的"礁石"

　　珊瑚是海洋生态系统的一个重要组成部分。大规模的珊瑚礁形成于奥陶纪,为海洋动物提供了新的栖息地。珊瑚在生长过程中会从海洋和大气中吸收碳元素,因而改变了地球化学。珊瑚化石散落在世界各地,其形状千奇百怪,具体的物种也不完全为人所知,但它们在古老的海洋世界中扮演着重要的角色。

　　珊瑚通常看起来更像岩石,而不是生物。硬珊瑚是由袋状动物组成的,这种动物会形成坚硬的外骨骼,而软珊瑚则缺乏这种坚硬的骨骼。一部分珊瑚与光合生物建立了共生关系:光合生物为这些珊瑚提供营养物质以换取庇护,并以珊瑚产生的废物为食。另一部分珊瑚则滤食浮游生物或捕食小鱼。珊瑚是浅海生态系统的建设者之一,与生活在它们周围的生物体紧密相连。

　　令人惊讶的是,珊瑚、水母和海葵属于同一类动物,统称为腔肠动物。珊瑚最早出现在寒武纪,但直到奥陶纪,它们才变得丰富起来。第一个珊瑚礁是由至今不为人知的四射珊瑚和床板珊瑚建造的,这两种珊瑚都已在三叠纪末期灭绝,取而代之的是今天的石珊瑚和软珊瑚。在遍布地球的沉积岩中,珊瑚组织的内部充满了残留物:不仅有它们自己的外骨骼,还有构成珊瑚礁的其他海洋生物的遗骸,如海绵动物、棘皮动物,以及包括部分软体动物和腕足动物在内的有壳动物。

第一批造礁者

　　最早的珊瑚用方解石来创造自己的外骨骼。由于方解石是一种很容易形成化石的矿物,所以那些珊瑚成了极好的指准化石,可用于测定地层的年龄。现代珊瑚是由文石组成的,文石很难形成化石,因此,虽然现代珊瑚出现的时间晚得多,但我们对它们的进化过程知之甚少。

右图注:四射珊瑚中的柱珊瑚(上)和石柱珊瑚(下)。

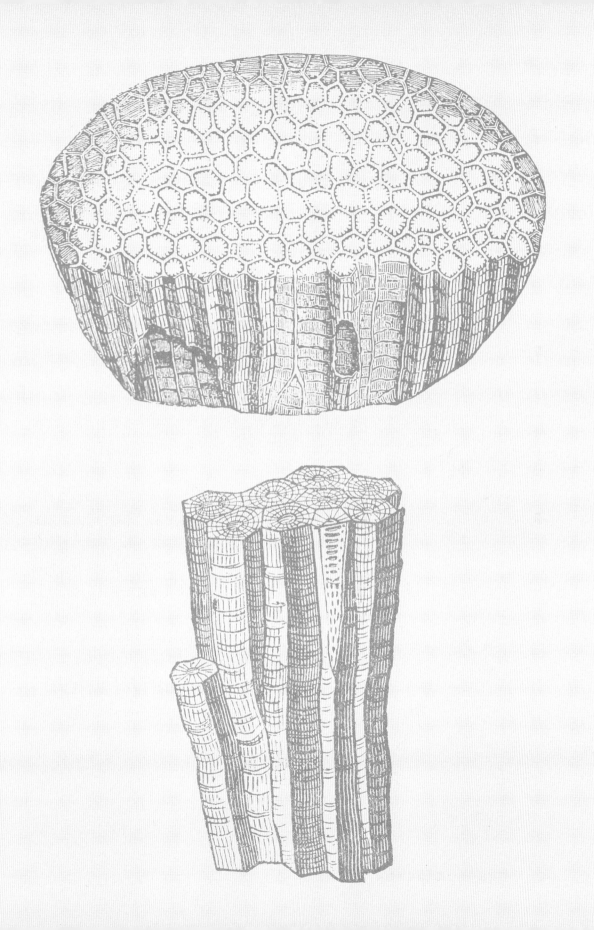

四射珊瑚很像动物的角，其外骨骼是由重复的板块构成的，看起来极为复杂。它们生活在不同深度的水域，有些是独居，有些则是群居。群居的四射珊瑚通常较小，每个可能只有几厘米长，而独居者的长度可以达到近 1 米。床板珊瑚比四射珊瑚小，可汇聚在一起形成具有复杂蜂窝状六边形外骨骼的群体。床板珊瑚礁的形状很多变，可能是扁平的、球形的或锥形的，它们通常位于浅海。

岌岌可危的
珊瑚礁

珊瑚礁是地球生态系统的重要组成部分。珊瑚在生长过程中通过吸收海洋和大气中的碳元素来改变地球化学，珊瑚礁则为海洋动物提供了栖息地，尤其是为数百万鱼类和无脊椎动物提供了安全的繁殖之所。

此外，珊瑚还具有重要的经济价值，它补充了全球渔业资源，并推动了旅游业的发展，试问，谁不会为绚丽多彩的珊瑚礁惊叹呢？

美丽的珊瑚礁往往十分脆弱。如今，一半以上的珊瑚礁面临着来自气候变化、栖息地破坏和环境污染的严重威胁。珊瑚白化导致珊瑚礁大量死亡，而珊瑚白化通常是因为温度急剧上升时，居住在珊瑚中可进行光合作用的生物死亡或逃离了。虽然珊瑚在没有共生伙伴的情况下可以短暂存活，但它们从共生伙伴那里获得的能量高达 90%，因此白化通常是致命的。

据估计，全球 10% 的珊瑚礁生态系统已经消亡。如果人类继续破坏自然环境，在未来 10 年里，多达 50% 的珊瑚礁生态系统可能会消亡。

右图注：方锥珊瑚（上）、床板珊瑚（中）和链状珊瑚（下）。

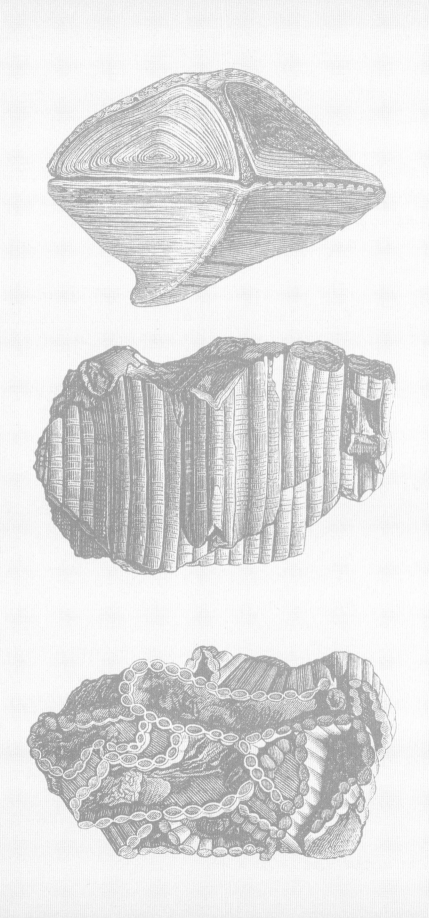

笔石——最早进入开阔海域的动物

笔石化石看起来像神秘的铅笔划痕，其实笔石是由成千上万的独立个体组成的漂浮体。在奥陶纪，笔石是最早进入开阔海域的动物。它们在大海中漂流，以浮游生物为食。借助笔石化石，科学家得以准确测定地层的年龄，深入洞悉过去复杂的地质情况。

在寻找古生代的岩石时，你可能会忽略笔石化石，因为它们大多看起来不像化石，似乎是被画在岩石上面的。卡尔·林奈曾指出，笔石是"类似化石的图片"，而不是真实的东西。林奈根据首次发现的笔石，创立了类化石属（*Graptolithus*），意思是"笔在岩石上留下的痕迹"。有些笔石像拉开的拉链，还有一些则像树叶或羽毛碎片。笔石的形状是由其胶原框架决定的，这个框架最多可以容纳 5 000 个独立个体。这些微小的个体通常没有以化石的形式保存下来，科学家认为它们从周围的海水中过滤、提取食物——会使用小小的梳子状网兜来捕捉路过的浮游生物。

笔石是在大约 5.2 亿年前的寒武纪出现的，并在约 1.8 亿年后的石炭纪消亡。在奥陶纪，笔石迎来了史诗般的全盛时期。它们从海床上不起眼的定居动物成长为世界上第一批远洋水手。大多数笔石化石藏在页岩或泥岩中，这类岩石是在深海底部形成的。笔石化石数量众多，其形状和结构随着时间的推移会发生明显的变化，这为地质学家准确地测定地层年龄提供了生物标记。笔石化石的形状还会随着环境条件的变化而变化，因此可以告诉我们特定地点的水深和水温，这有助于我们了解过去的海洋地理。研究人员认为笔石是雌雄同体的，即同时拥有雌性和雄性的生殖器官，它们可能会交替使用两种性别身份，抑或是随着年龄的增长或在群体中地位的变化而改变性别，不过这些猜测尚未得到证实。虽然笔石在系统发育树上的位置尚不确定，但大多数研究人员认为它们是海胆等棘皮动物的亲属。

右图注：这组精选的笔石图案展示了其形状的多样性。

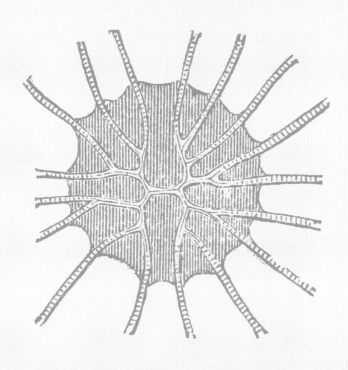

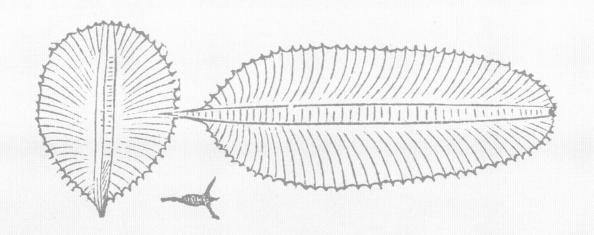

漫游部落　　最早的笔石与后来在海洋中自由漂浮的笔石群体完全不同。在寒武纪，笔石扎根于海床，看起来像有叶脉的叶子。一些底栖的笔石通过包裹其他生物或岩石来落脚、生存。

在寒武纪末期，一切都发生了变化。在一次灭绝事件之后，海洋生态系统被重建，笔石是受影响最大的动物之一。自由游动的笔石幼体没有沉入海底完成其生命周期，而是像编队跳伞运动员一样在水流中联合起来，形成群体。我们尚不清楚这些群体是如何移动的，有可能是随着水流移动，也有可能是利用其附属物的起伏来控制移动路线，并在水流中上下移动。

到了志留纪，笔石的结构变得越来越复杂。此时的笔石可以像长长的睫毛那样卷曲，形成令人眼花缭乱的小螺旋，或者变成一长串笔直的裂片。正是形状的多样性令笔石如此珍贵，这激发了研究者的科学热情。自由漂浮的笔石最终在泥盆纪早期消失无踪，尽管底栖的笔石存活的时间稍长一些，但到石炭纪时，它们也灭绝了。

令人惊奇的是，有些笔石化石是在变质岩中发现的，这种岩石在构造作用的挤压下发生了变形。当这些岩石被折叠和拉伸时，化石也随之变形，产生了几乎无法辨认的闪亮条纹。这些横跨岩石的闪亮条纹展现了不断重塑地球的巨大力量。

右图注：生活在海底的
树状笔石。

奥陶纪	4.85 亿～4.44 亿年前

牙形虫——最早的脊椎动物捕食者之一

古生代的海相岩石中散布着细小的牙形虫口器化石。这些重要的指准化石被误解了100多年。牙形虫是地球上最早的脊椎动物捕食者之一,一种在海洋中存活了超过2.85亿年的鳗鱼状生物。

在牙形虫口器化石被发现后的100多年里,人们只知道它呈微小的矿物形状。与显微镜下雪花的形状一样,这些形状的种类之多令人惊叹,其中包括钩子状、扇子状、梳子状、种子状、星星状和多节螺纹状。这些比米粒还小的奇怪化石出现在从寒武纪到三叠纪的岩石中,留下了像面包屑一样的神秘痕迹。

在一块保存软组织的精美牙形虫口器化石被发现后,古生物学家终于揭开了这些奇怪形状的面纱,原来它们是一种类似无颌鳗鱼的动物的矿化口器。有些牙形虫还没有一块指甲长,有些则长达近半米。更重要的是,它们是脊索动物,这增加了我们对脊椎动物进化历程的认识。

随着海平面变化、海洋酸化,以及三叠纪时新的海洋生物的出现,牙形虫慢慢消亡了。作为一系列物种,牙形虫的寿命极长。正因如此,这种不可思议的生物的化石才能成为重要的指准化石,通常用来解释深时以及地层长达数千年的历史。

显微镜下的奥秘

右图注:现在,科学家认为牙形虫是类似鳗鱼的动物,它们当中有世界上最早的脊椎动物捕食者。

1856年,生物学家海因茨·克里斯蒂安·潘德尔(Heinz Christian Pander)发表了关于牙形虫的首个报告。人们那时只了解牙形虫微小而坚硬的部分,这些部分是由与人类的牙齿和骨骼相似的矿物质组成的。许多牙形虫的化石小到只有200微米(0.2毫米),一根大头针的针尖上能放下十几块牙形虫化石。

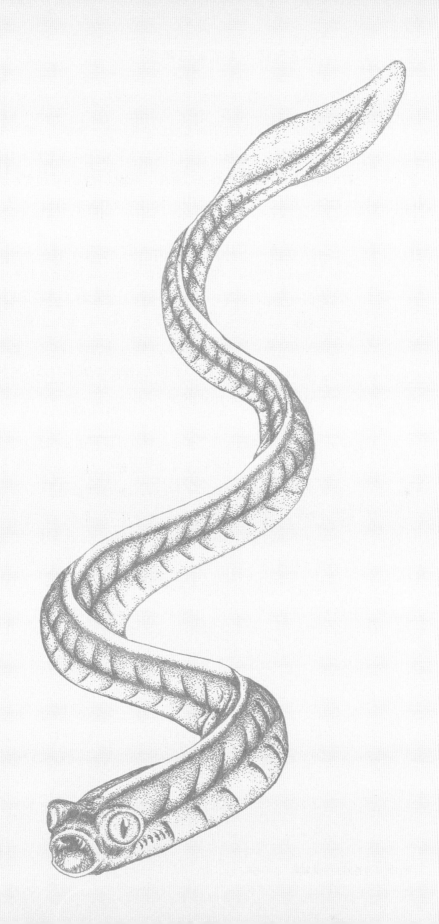

在牙形虫口器化石被发现后的几年里，科学家试图弄清楚这些微小的结构是什么、来自哪种生物。大多数人认为它们是口器或爪子，也许来自已经灭绝的蠕虫或蜗牛，其他人则认为它们有可能来自某种植物。

120 多年后，人们在苏格兰发现了一种动物化石，其软组织和矿化的口器都保存完好。很快，人们在美国、南非等地的化石库中发现了更多的这种动物的化石，后来才确定这种化石是牙形虫化石。这些新的化石表明，牙形虫不仅是一种细长的动物，还是一种脊索动物，因为它拥有脊索、不对称的尾鳍，以及沿着身体呈"之"字形排列的肌肉。此外，它还有一对可以利用带状肌肉旋转的眼球，这是脊椎动物才有的特征。

牙形虫口器的种类之多令人难以置信，这表明牙形虫正在尝试不同的饮食方式。有些牙形虫可能是滤食性动物，张着大嘴在浮游生物中游来游去，滤食食物；另一些则主动去猎取食物。

牙形虫的齿状结构上有微小的磨损痕迹，这表明它们会抓取、切割和研磨食物。正因如此，牙形虫才能成为世界上最早的脊椎动物捕食者之一，当然，它肯定不是最后一个。

右图注：牙形虫的口器像雪花一样散落在早期的化石记录中。

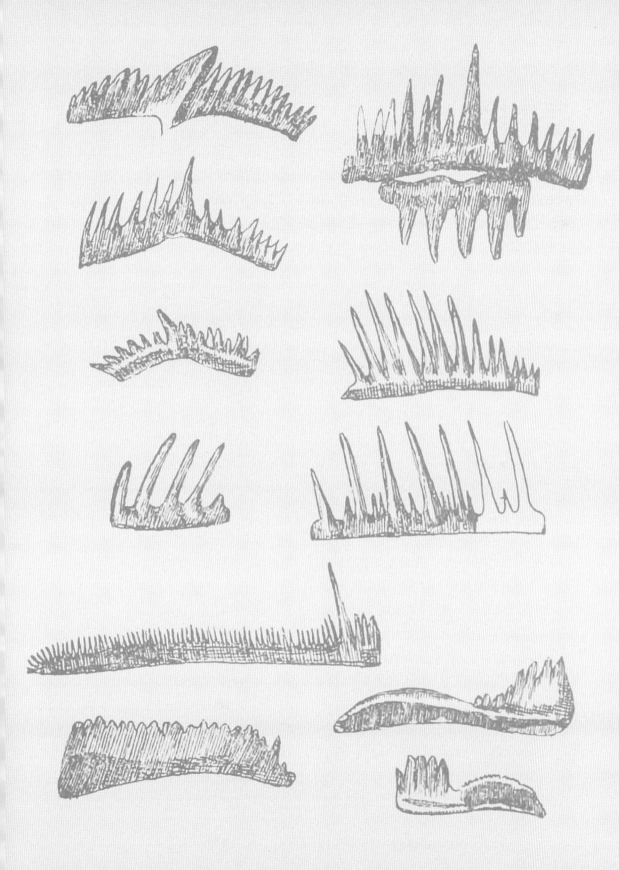

志留纪

　　志留纪是古生代中最短但可能最疯狂的一个纪。在这一时期，冰帽融化，海平面上升，大陆之间相互碰撞，形成了地球上最古老的山脉。早期维管束植物开始进化，大量节肢动物踏上了陆地。与此同时，海洋中的鱼类发育出了矿化的骨骼和下颌，这改变了它们及其后代的生活方式。

　　志留纪结束于4.19亿年前，只持续了2 500万年，这在地质年代中只是一瞬。志留纪开始于奥陶纪末期的生物大灭绝之后，在这场大灭绝中，一半以上的海洋生物消失了。志留纪虽然是古生代中最短的一个纪，但地球演变过程中的一些重要事件可能发生在这一疯狂的时期。

　　在志留纪，奥陶纪末冰期留下的冰帽缩小了。随着水体重回海洋，海平面不断上升，淹没了大陆的边缘，形成了被丰富多彩的珊瑚礁环绕的岛链。巨大的冈瓦纳大陆仍然占据着南半球，北方大陆的零散碎片则凝聚成劳亚大陆。随着板块之间的碰撞，大陆挤压在一起并变形，形成了数百千米长的巨大山脉。这就是贯穿早古生代的著名的加里东运动（Caledonian Orogeny），这个全球性地质运动的遗迹今天依旧存在，主要位于北美洲东海岸（阿巴拉契亚山脉）、爱尔兰、苏格兰和斯堪的纳维亚半岛。在4.2亿年的时间里，因加里东运动隆起的山脉不断

遭到侵蚀，被磨得像球杆顶部一样光滑，但仍然盘踞在大地上，影响着人类的聚居地和文化。

　　在志留纪末期，气候进一步变暖，这一趋势一直持续到泥盆纪。随着海洋表面温度的升高和海平面的波动，猛烈的风暴不断袭击着海岸线，生物的生存条件变得十分恶劣。我们可以在岩石记录中看到这种破坏性天气留下的痕迹，比如强热带风暴肆虐后留下的破碎的贝壳和珊瑚礁。

踏上陆地

　　在志留纪，无脊椎动物踏上了陆地，并在大地上繁衍生息。这些先驱者只有几厘米长，其中包括蜈蚣和千足虫等多足类动物的祖先，以及蜘蛛和蝎子的近亲。它们之所以登上陆地，唯一的可能是植物已经在那里安家了。在志留纪，近乎贫瘠的土地上迎来了地衣、藻类、真菌，以及最早拥有水分和养分循环系统的植物。虽然散落在奥陶纪地层

中的孢子化石暗示着这些植物可能早就出现了，但确凿的化石证据来自志留纪。那些看起来像外星物种的结构保存得非常好，让我们得以窥见志留纪时陆地上的景象。动物和植物占领了陆地，建立了新的生态系统，并迅速重塑了地貌。

复杂的食物网

在受到奥陶纪末期生物大灭绝的重创后，海洋生物在志留纪再次繁荣起来。随着生物群体进化出新的性状，它们之间形成了错综的关系，食物网也变得越来越复杂。在这一时期的许多石灰岩地层中，珊瑚、海绵动物和苔藓随处可见。海绵动物以经过自己身边的浮游生物和小型无脊椎动物为食。此时的顶级捕食者是板足鲎，它们体型巨大，看起来像蝎子和龙虾的混合体，是有史以来最大的节肢动物之一。

在志留纪，脊椎动物也经历了其进化史上的巨大变革。最早的鱼类沿河而上，在湖泊和溪流中繁衍生息，形成了淡水鱼类支系。鱼类还进化出矿化的骨骼和下颌，从而改变了命运。由于拥有可以撕咬的下颌，鱼类在生态系统中占据了新的位置，并推动了其猎物的进化。在这一时期的浅滩中，生活着包括人类在内的现今所有脊椎动物的鱼类祖先。

原杉藻——土壤改造者

在志留纪，地球上出现了一种前所未有的生命模式——原杉藻。原杉藻是一种巨型真菌，有一座房子那么高。它是当时最大的生物，在它的帮助下，最早的土壤得以形成，为陆地生命的出现创造了必要条件。原杉藻存活了 1 亿多年，而其较小的真菌亲属则繁衍至今。

当提到真菌时，我们会想到小蘑菇从森林土地上冒出来的情景。在 4.25 亿年前，即第一批动物出现在陆地上之前，有一种高耸的真菌已经在地球上繁衍。原杉藻看起来像一根没有分叉的树干，高度超过 8 米，比长颈鹿还要高，宽度约为 1 米，是当时地球上最大的生物体。

陆地上的所有生命都应该感谢真菌，因为真菌是改造地球的先驱之一，它创造了其他植物和动物赖以生存的土壤。丝状真菌是陆地上最古老的真菌，它最早出现在奥陶纪，看起来像纤细的发丝。真菌化石由于体积小且没有骨骼，所以很难与微生物区分开来，但原杉藻是一个例外，它主宰了原始的景观。19 世纪时，人们在加拿大发现了原杉藻化石，由于有着同心圆纹理，它被误以为是一截树干的化石。原杉藻的学名 *Prototaxites* 的意思就是"第一棵紫杉"。在过去的 100 年里，原杉藻先后被认为是藻类、植物和真菌。直到 20 世纪 90 年代重新研究这些化石时，大多数研究人员才确定它是一种真菌，甚至可能是地衣。

最早的真菌不仅帮助创造了土壤，还为陆地上的第一批生命提供了食物和住所。一些研究人员认为，有些原杉藻化石中的微小孔洞是昆虫在它们体内捕食和筑巢时留下的。"树干"中的"年轮"是不对称的，充满了类似真菌菌丝的管状细胞。

右图注：复原的原杉藻具有满是褶皱的表面和分支的结构。

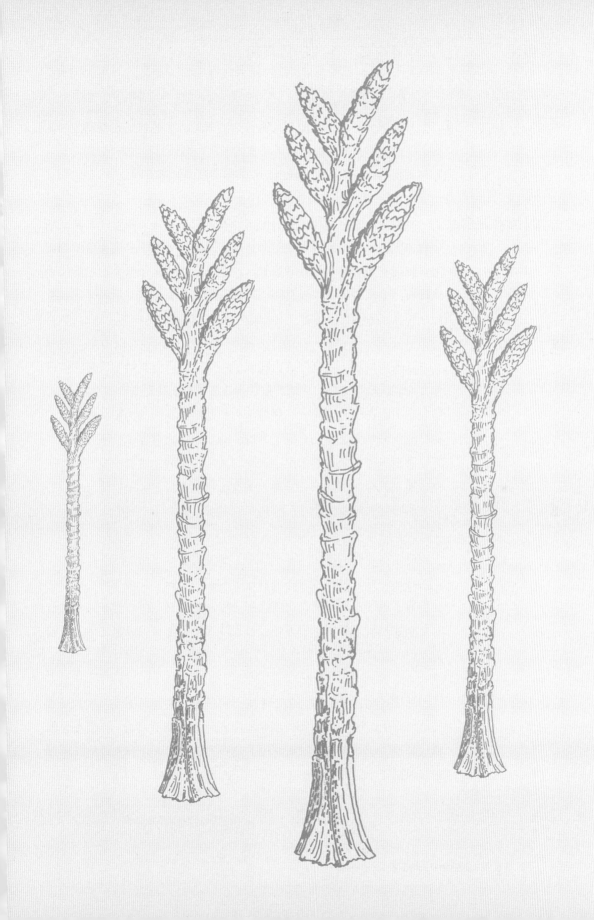

目前我们还不清楚原杉藻为什么会灭绝，可能与它跟新出现的植物争夺空间和养分有关。到了泥盆纪末期，这种庞然大物已经消失了，它的亲属则继续在地球上繁衍，尤其是在潮湿的地方。

以死者为食

真菌可能看起来像植物，但两者在系统发育树上属于两个彼此独立的分支。此外，分子分析结果显示，真菌与动物的关系比与植物的关系更加密切。真菌是异养生物，这意味着它们必须从其他生物体中获得营养。真菌通常以死亡和腐烂的有机体为食，如果后者是致病性的，那么真菌就会在其宿主中引发疾病，比如癣或溪谷热。

陆地上的第一批真菌的出现成了一个谜，因为我们不清楚它们以什么为食。基于这一点，地衣被认为是最早在陆地上定居的生物之一，这归功于它与能进行光合作用的藻类和蓝细菌合作的关系。原杉藻可能扮演了分解者的角色，以这个最早的陆地生物为食。科学家研究了原杉藻组织中的同位素来源，发现它会从其他活体组织中获取碳，而不是通过光合作用。不过，这一观点还存在争议，对于这个奇怪的巨人是如何生活和进食的，目前还没有定论。

真菌在地貌的进化过程中发挥了至关重要的作用。随着真菌的生长，再加上水、风和冰的侵蚀，最初的土壤形成了，这为植物定居于此创造了条件。真菌可以用消化酶分解几乎所有东西，这有助于将营养物质和材料在食物网中循环。有人认为，在生物大灭绝之后，真菌的数量可能会增加，因为死去的生物为它们提供了充足的食物。

无处不在的真菌

藻类和真菌可能是一起在陆地上定居的，真菌以藻类为食，或者与藻类共生，这种关系可以追溯到 10 亿年前的前寒武纪。人们在北极地区发现了一种叫作乌拉斯菲拉的化石，这种化石是有关最早真菌存在的证据之一。

真菌在其漫长的进化史中与许多动植物建立了联系。众所周知，蚂蚁和白蚁会在巢穴里"养殖"真菌，真菌和昆虫离开彼此后就无法生存。真菌和其他生物体之间也形成了错综复杂的关系，其中最重要的就是菌根真菌与植物的共生关系。我们可以在土壤中看到菌根真菌，它们会在植物根部周围形成白色细丝——菌丝。菌根真菌还会释放出对植物营养至关重要的磷和其他矿物质，菌丝则可以固定土壤并吸收土壤中的水分。

科学家认为，真菌和植物之间的这种紧密联系已经存在了 4 亿多年，如今，超过 85% 的植物与真菌保持着这种特殊关系。如果没有真菌，植物及其所支撑的复杂陆地生态系统就不可能出现。

顶囊蕨——最早的维管束植物之一

在化石记录中，顶囊蕨是最早出现的维管束植物之一，也是最早的维管束植物，拥有专门运输水分和营养物质的组织。维管束植物利用太阳的能量和土壤中的水恣意生长，让世界变得绿意盎然，并建立了新的生态系统。它们是绝大多数现生植物的祖先，永远地改变了陆地样貌。

植物的进化是地球历史上最重要的故事之一。在通过气体交换来调整大气中各种气体的比例，通过个体生长和代谢来改变地球化学，支撑食物网，以及为其他生物创造栖息地等方面，植物发挥着重要作用。由于植物没有矿化组织，我们很难追踪它们出现的时间和进化的过程。最早的植物通常只留下了它们的孢子，孢子化石出现在奥陶纪，这表明在那个时期就已经有植物了。不过，最早的植物实体化石来自顶囊蕨，这种植物出现在晚志留世，数百万年来一直是植物群的重要组成部分之一。

顶囊蕨只有几厘米高，其细长的茎部顶端有喇叭状的生殖器官，里面装着名为孢子囊的微小孢子。顶囊蕨不是从根部生长的，而是从匍匐茎上生长，并且没有叶子和花。虽然顶囊蕨有可能是绿色的，但它可能并不完全依靠光合作用获取营养。顶囊蕨之所以很重要，是因为它是已知最早的维管束植物。

生态演替　　随着时间的推移，生物群落会发生变化，这一过程被称为生态演替。生态演替可能发生在几百年到几百万年的时间里。群落围绕着少数先锋生物形成，并随着时间的推移变得越来越复杂。群落通常会达到一个稳定点，变成顶级群落，并保持平衡，直到野火或滑坡等自然灾害发生或其他事物出现打破这种平衡，改变其生存条件。

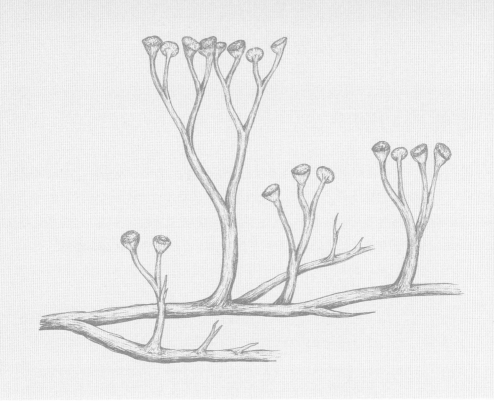

上图注：顶囊蕨是地球上最早进化出来的维管束植物。

通过研究化石记录，我们可以追溯地球历史上那些重塑了世界的生态演替，比如生物占领新大陆、生物群体在各个尺度上的进化和灭绝等。

最初，细菌以开拓者的姿态出现在陆地上，接着是藻类和真菌。陆地植物从水生绿藻进化而来，最初生长在靠近水源的地方，比如湖泊和河流的边缘。在它们的帮助下，最早的土壤形成了，这在一定程度上为植物新物种的进化创造了条件。随着维管系统和根系的发展，这些植物摆脱了依水而生这一束缚，进而扩散到了新的栖息地和更干旱的地区，它们从土壤深处获取水分并输送给细胞组织。最终，除了光秃秃的岩石和沙土，只要是条件适宜的地方，都被植物占领了。

广翅鲎属动物——地球上体型极大的节肢动物

"广翅鲎属"这一名称来源于古生代数量众多的捕食者——板足鲎，板足鲎又被称为"海蝎子"。广翅鲎属包括地球上有史以来最大的节肢动物，它们在水中潜行，从黑暗的海底到内陆的浅水沼泽里都有它们的身影。广翅鲎属的物种及其亲属拥有强大的钳和桨一样的附肢，在长达 2 亿年的时间里，它们一直是可怕的捕食者，直到永远消失在地球上。

4.2 亿年前，广翅鲎属的生物生活在北半球的海洋中。它类似于龙虾，拥有坚硬的外骨骼，身体前侧还有巨大的桨一样的附肢，可能是用来推动它在水中前进，就像潜水艇的螺旋桨一样。这类生物出现在奥陶纪初期，到了志留纪，它们才成为海洋生态系统的主要组成部分。作为海洋中的顶级捕食者，广翅鲎属的生物十分敏捷，可以用强大的钳子撕碎猎物。

海蝎子属于节肢动物，而节肢动物包括具有分段身体和关节附属物的无脊椎动物，如昆虫、蜘蛛、千足虫和甲壳类动物。虽然海蝎子与蝎子、龙虾很相似，但科学家认为它与马蹄蟹、蜘蛛的关系更为密切。海蝎子不仅繁殖速度快，而且寿命很长，世界各地的海水、淡海水和淡水中都有它们的身影。一些研究人员认为，那时的海蝎子可能已经能够离开水体，来到陆地上，这要归功于它们的双重呼吸系统，这种系统可以处理空气中和水中的氧气。

板足鲎的复眼位于身体前侧，这让它们拥有立体视觉，能瞄准猎物。对居住在古代海洋中的其他生物来说，它是一个无处不在的可怕猎手。例如，莱茵耶克尔鲎是一种生活在早泥盆世的板足鲎，体长 2.6 米，比一张特大号的床还长，它也因此成为地球历史上最大的节肢动物之一。虽然还有其他几个巨型物种，但板足鲎的大多数物种都比莱茵耶克尔鲎小得多，往往还没有人的手掌长，最小的还不及一颗葡萄大。

右图注：广翅鲎是志留纪的一种海蝎子，右图是从其上方的角度绘制的。

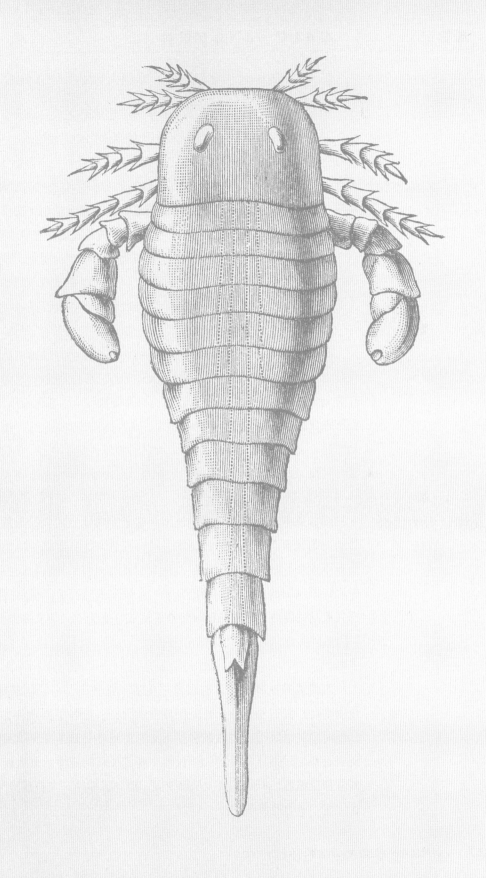

海蝎子在海洋中称霸了 2 亿多年，在志留纪之后，其种类开始减少，并在二叠纪末期的一次毁灭性的灭绝事件中彻底消失。

爪角家族

板足鲎是节肢动物中螯肢亚门（Chelicerata，意思是"爪角"）的成员。螯肢亚门动物包括肢口纲、皆足纲和蛛形纲动物（盲蜘蛛、螨虫、蝎子和蜘蛛）等。螯肢亚门动物的历史从寒武纪一直延续到今天，这个名字来自它们的第一对附肢——螯肢。通常在嘴附近，或者是嘴的一部分，看起来像獠牙或钳子。螯肢亚门动物是节肢动物中的一个重要群体，在生态系统中扮演着捕食者和清道夫的双重角色。

尽管螯肢亚门这个群体中的许多物种现在生活在陆地上，它们的化石也包括一些最早的陆生动物的化石，但螯肢亚门动物是在海洋中开启进化之旅的。作为板足鲎的近亲，马蹄蟹被称为"活化石"，因为它们自志留纪以来几乎没有变化。然而，在自然选择的过程中，没有哪种动物是一成不变的，即使从表面上看它们的外形变化很小。现代的马蹄蟹与它们的古代表亲并不是同一个物种，两者的身体结构有很大差别。

体型巨大的代价

诸如莱茵耶克尔鲎这样的巨型海蝎子因为体型太大，不得不付出身体上的代价。与其他节肢动物一样，板足鲎的身体被一层坚硬的角质盔甲包裹，随着它们的生长，角质层无法伸展，所以它们必须定期蜕皮，即从旧的外骨骼中抽出身来。在蜕皮的过程中，板足鲎不仅会损失大量的能量，还很难吸收足够多的氧气来为庞大的身体提供能量，巨大的体型也意味着它们移动得很缓慢。

为了弥补这些缺陷，板足鲎进化出了极薄的、未矿化的外骨骼。正因如此，它们身体的外骨骼很难形成化石，更多是被分解了，或者在深时里被破坏了。少数被保存下来的精致外骨骼像纸一样薄，这表明板足鲎通过进化出轻薄的外骨骼来降低蜕皮的成本。虽然板足鲎的外骨骼很脆弱，但它们的尖爪很坚固，因此，即使"衣衫褴褛"，它们也能毫不费力地肢解猎物。

右图注：广翅鲎是志留纪的一种海蝎子，右图是从其下方的角度绘制的。

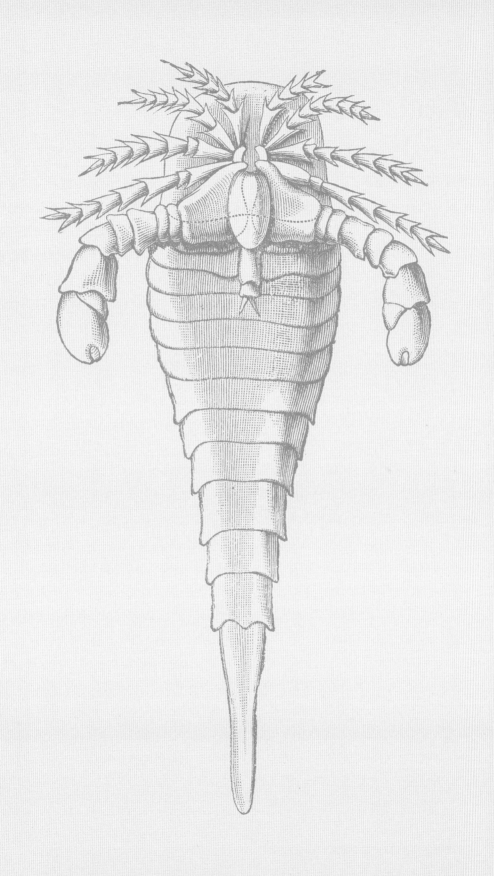

泥盆纪

　　泥盆纪的时间跨度为 6 000 万年，距今 4.19 亿～3.59 亿年，通常被称为"鱼类时代"。在这个时期，鲨鱼、最早的辐鳍鱼和包括邓氏鱼在内的盾皮鱼很常见。菊石也出现了，它们漂浮在海洋中，而此时的地球上仍然只有一个大洋。在陆地上，节肢动物开始占领新的栖息地，这些栖息地被进化出真正的根和种子的植物彻底改变了。最早的拥有四肢或附属肢体的脊椎动物（四足动物）大着胆子尝试着踏上陆地，以享用丰盛的食物。泥盆纪末期的一次大灭绝重塑了世界，扼杀了统治地球数千万年的生物，为四足动物的崛起创造了条件。

　　在泥盆纪，地球仍然被巨大的泛大洋主宰着。这片辽阔的蓝色海洋横跨北半球，并覆盖着赤道附近的大部分地区。冈瓦纳大陆仍然位于南半球，这是一片广阔的大陆，周围散布着较小的陆地。礁石环绕的岛屿则穿过赤道向北延伸。在泥盆纪，这些小块的陆地逐渐靠拢，最终形成像劳亚大陆这样的新大陆。这一时期的海平面相当高，创造了大量的浅海环境和繁荣的珊瑚礁生态系统。全球气候相对比较温暖，赤道地区气候炎热，冈瓦纳大陆上的气候则较为温和。

　　在泥盆纪海洋中，鱼类的进化最具戏剧性。鲨鱼和辐鳍鱼都分化出无数新的物种。在这一时期，最具代表性的鱼类是盾皮鱼，它们的身体散落在泥盆纪的岩石中，就像一场战斗后留下的成千上万块废弃盾牌。它们与三叶虫、菊石共享海洋，三叶虫在当时仍

然很常见。而菊石，或者更准确地说菊石类在这个时期首次出现，其化石是最具代表性的化石之一。

　　对陆地上的生命来说，泥盆纪也是一个极其重要的时期。在这一时期，植物长得越来越大，并形成了第一批广袤的森林。这是完全有可能的，因为真正的根和叶子已经出现，到了泥盆纪末期，第一批具有种子的植物进化完成，这就是裸子植物。木贼属植物和蕨类植物也出现了，通过碳汇[①]这一过程，这些翠绿的植物对整个地球产生了广泛影响。它们从大气中吸收大量二氧化碳，致使全球气候变冷。全球气候的变化可能引发了晚泥盆世的生物大灭绝，在这次大灭绝中，浅海生物和珊瑚礁遭到了沉重的打击。

---

① 有机碳吸收超出释放的系统或区域。——编者注

尽管经历了大灭绝事件，晚泥盆世杂草丛生的池塘中还是出现了一些不可思议的东西。一些有颌的硬骨鱼类试探性地从水中冒出头来。脊椎动物终于踏上了陆地，而节肢动物已经在陆地上繁衍生息，其中包括蝎子、马陆（千足虫）和蜘蛛的祖先。至此，陆地生命的组成呈现出我们今天可能认识到的结构，而我们的祖先是最后才加入其中的。

老红砂岩

泥盆纪以一组特殊的岩石而闻名，这组岩石被称为老红砂岩。这种地层主要分布在北美洲东海岸、格陵兰岛、不列颠群岛，还有爱尔兰和挪威。老红砂岩在早期的古生物学研究中发挥了重要作用，它揭示了泥盆纪的环境条件，并从代表古代湖泊和河流环境的地层中保留了数量众多的鱼类、节肢动物和植物的化石。

在苏格兰，有些地方的老红砂岩与更古老的地层形成了一个奇怪的角度，其中最著名的是西卡角（Siccar Point），老红砂岩与志留纪岩石形成了一个直角。这一特征被地质学家称为不整合（unconformity）。苏格兰地质学家詹姆斯·赫顿通过观察这些相互对立的地层，了解地球有多古老，以及地质过程可以在几百万年的时间里使整个地层倾斜。

礁石遭到重创

泥盆纪末期的大灭绝虽然对所有生物都产生了巨大影响，但对陆地生物的影响要小于对海洋生物的影响。浅水、暖水生物（如珊瑚）受到的影响最严重，许多关键物种所在的种群随着生态系统被破坏而崩溃了。

这次大灭绝的原因很难确定，因为它发生在相当漫长的时间里。随着森林的扩张，以及富含二氧化硅的岩石的风化作用增强，大气层发生了改变，二氧化碳水平下降，地球也逐渐冷却。与此同时，陆地上的生命蓬勃发展，这有可能使从溪流与河流汇入海洋的土壤和营养物质增多，在水体中形成了藻华[①]。现如今，藻类过度增殖会使珊瑚礁窒息，并挡住阳光，降低海水中的氧气含量，杀死在海水中的生物。

有证据表明，泥盆纪的沉积物中普遍存在缺氧现象。这种现象可能导致了整个海洋生态系统的崩溃。这也意味着生物的尸体沉入海底后不会迅速腐烂，因而得以保存下来。随着时间的推移，这些富含生物遗体的有机质层转化为石油，沉积在它们上面的地层就像一台巨大的榨汁机，不断压缩有机物质并加热，制成石油。

---

① 藻华是指水体中大量浮游植物（微细藻类）滋生而使水变色的现象。——编者注

邓氏鱼——鱼类时代

在泥盆纪的所有生物中，邓氏鱼是最容易辨认的。这是一种巨大的盾皮鱼，有着像刀刃一样的颌。有些邓氏鱼有一辆公共汽车那么长，它们无疑是海洋世界里最可怕的捕食者。在这一时期，有颌脊椎动物不断扩张，占领了海洋和湖泊，改变了脊椎动物的进化过程。

邓氏鱼是一种生活在 3.6 亿年前的盾皮鱼。这种巨大的捕食者看起来像鲨鱼和开罐器的混合体，它有一张长有刀刃一样锋利边缘的颌，十分可怕。邓氏鱼大约有 10 个品种，包括有史以来最大的盾皮鱼。最令人闻风丧胆的是泰雷尔邓氏鱼，其长度超过 7 米。邓氏鱼的化石散落在北美洲、欧洲和北非。邓氏鱼这种顶级捕食者平时虽然可能游得比较慢，但它捕食时快如闪电，并拥有能瞬间粉碎猎物骨头的咬合力。

盾皮鱼，顾名思义，它们的头部和"肩膀"周围包裹着一层骨质板，身体的其他部分则覆盖着鳞片。这种类似盔甲的构造使它们可以轻松地移动和进食。多数盾皮鱼都没有牙齿，只有锋利的、像喙一样的颌，非常适合刺穿、切割和粉碎。这些鱼最早出现在志留纪，包括已知的第一条有颌鱼，它还没有一本平装书大，被称为初始全颌鱼（*Entelognathus primordialis*，意思是"原始、完整的颌"）。

颌部的发展改变了进化的历程。它可能是从鳃弓发展而来的，而鳃弓是支撑鱼鳃并帮助鱼类呼吸的重要部位。最靠近头部的鳃弓在头骨下方融合并向前移动，最终形成了上颌、下颌和部分头骨。鱼类能够利用自己坚实的颌去抓取食物、控制食物，进而切割或磨碎它。一些鱼类利用颌部来吸食，或者向前伸出颌部，像人伸出手一样去抓取猎物。颌的出现在整个海洋生态系统中产生了连锁反应，拥有坚硬外骨骼的猎物缩在壳中也不再安全。其他海洋生物想要在富饶的海洋中生存就必须游得更快，并发展出诸如尖刺之类的防御工具。

右图注："穿着盔甲"的邓氏鱼正在猎食。

泥盆纪	4.19 亿～3.59 亿年前

多鱼之海

在泥盆纪的脊椎动物化石中，像邓氏鱼化石这样的盾皮鱼化石是数量最多的，不过它们并不是古老海洋中唯一的动物化石。与盾皮鱼一起生活在海洋里的还有早期鲨鱼。在北美洲发现了裂口鲨化石。裂口鲨非常敏捷，拥有流线型的身体和柔软的软骨骨骼，看起来与我们今天所知的鲨鱼相似。

与此同时，硬骨鱼也变得越来越多样。这些动物有软骨内成骨，其结构比其他类型的骨骼更坚固，还有带牙齿的颌、独特的头骨和身体鳞片。硬骨鱼分化成了两个主要的分支，即辐鳍鱼和肉鳍鱼。当时，它们的物种数量比地球上任何其他脊椎动物的数量都要多。四足动物就是由肉鳍鱼进化而来的。在某种意义上，人类只是一种极不寻常的、在陆地上生活的硬骨鱼。

**鱼类时代的
两性故事**

世界上最著名的泥盆纪化石点位于苏格兰，其中的动物化石讲述了鱼类时代关于性的趣事。奥卡迪湖（Lake Orcadie）这个亚热带淡水湖的湖底曾经是含化石最多的地层。奥卡迪湖位于现在的苏格兰北部，靠近北海，湖里曾经遍布甲壳类动物和软体动物，它们是包括盾皮鱼在内的许多鱼类的猎物。随着时间的推移，水位上升又下降，这个栖息地周期性地萎缩，甚至干涸，导致动物群体大规模死亡。时间长河里的这些瞬间留下了"鱼床"，后者是由数百种鱼类化石像秋天的树叶般堆积在一起形成的。

在早期对化石记录的研究中，泥盆纪的"鱼床"发挥了至关重要的作用，帮助我们科学地认识了化石记录，而且它们至今仍在创造科学奇迹。作为邓氏鱼的表亲，小肢鱼这种卵胎生动物提供了动物交配的最早证据。鱼类的受精方式有很多种，有些是内部受精，有些是外部受精，后者是指鱼类将卵子和精子释放到体外结合。有化石证明，小肢鱼是侧向交配、内部受精的：当雄性通过 L 形的交接器将精子转移到雌性体内时，它们的前鳍是连在一起的。这些化石记录可以追溯到 3.85 亿年前，是脊椎动物内部受精的最古老的证据之一。科学家认为，在鱼类的进化过程中，内部受精和外部受精进化了很多次，当然，四足动物的祖先也经历了这一过程。

这种性"排舞"的结果也被保存在奥卡迪湖的沉积物中。研究人员在怀孕的盾皮鱼化石的肚子里发现了胚胎。盾皮鱼与小肢鱼生活在同一时期，两者灭绝的时间也大致相同。盾皮鱼胚胎中的骨骼虽然微小且发育不全，却构成了化石记录中已知最古老的脊椎动物胚胎之一。

顶级捕食者　　捕食者和猎物之间永无止境的生死搏斗始于地球上第一个复杂的生命。在生态学研究中，复杂的食物网记录着能量在生态系统中的流动。顶级捕食者处于食物链顶端，它们以其他动物为食，而且没有天敌。人类不是顶级捕食者，人类是杂食动物，其食谱跨越了多个营养级，人类虽然掌握了先进的技术，但还是有很多天敌。顶级捕食者令人着迷。在研究化石记录时，我们会被邓氏鱼这样的大型食肉动物深深吸引。

人类自出现以来就与这些动物保持着紧张的关系，这导致它们在许多大陆上不断减少，甚至灭绝。它们的消失凸显了其在生态系统中的关键作用，它们通常是关键物种，决定了生态系统能否健康运行。捕食者控制着猎物的数量，这反过来又对植物的生长产生了影响。在美国黄石国家公园，狼曾因人类的猎杀而灭绝，重新引入的狼改变了植食性动物的数量和进食行为，因过度放牧而减少的植物得以恢复。整个栖息地得以恢复，为其他物种提供了生存空间，整个公园的多样性也得到了重建。

在泥盆纪末期的生物大灭绝中，邓氏鱼和其他盾皮鱼都遭到了重创。与此同时，很多动物群体都在伺机取代它们。鲨鱼尤其擅长在海洋中扮演捕食者的角色，随着时间的推移，许多群体在海洋和陆地上都扮演了这一角色。数百万年来，这些巨型生物确保了生态系统的正常运作，并在化石记录中留下了自己的遗体。

泥盆纪	4.19 亿～3.59 亿年前

呼气虫——最早的陆生节肢动物

从志留纪末期到泥盆纪，地球上的陆地成为第一批陆生动物的家园。看起来像千足虫的呼气虫是最早踏上陆地的节肢动物。与呼气虫同行的有蜘蛛和蝎子的祖先，后者很快就学会了利用在陆地上建立起来的植物和真菌生态系统。它们在陆地上觅食、繁殖和死亡，使陆地食物网变得更加复杂，并为后来的其他生物在陆地上定居创造了条件。

随着地球表面被植物覆盖，动物踏上陆地只是时间问题。第一批维管束植物在大陆上刚形成的土壤中安家后不久，节肢动物就迈向了灌木丛。有关这些勇敢探险家的最古老证据是一块呼气虫化石，这块化石是在苏格兰阿伯丁市附近发现的。呼气虫是一种多足动物，与千足虫、蜈蚣同属一类。最初，呼气虫被认为生活在 4.23 亿年前的志留纪，但最近的研究表明，它可能要年轻一些，生活在泥盆纪早期。无论怎样，到了泥盆纪，很多动物已经牢牢地在水中站稳了脚跟，而呼气虫是最早在地球上行走的动物之一。

目前，全世界只有一块呼气虫化石，而且它只是其身体的一个 1 厘米的片段。在这一小段中，我们可以看到一种类似千足虫的动物，其身体的 6 个部分长了很多腿。更重要的是，我们可以看到它身体中呼吸结构的细节，其外骨骼角质层上的孔被称为气门。氧气和其他气体可以通过这些孔进出这种动物的身体，正是因为这一特征，这块化石才被命名为 *pneumo*，这个词在希腊语中意为"呼吸"或"空气"。呼气虫化石提供了首个关于动物呼吸空气的确凿证据，这是一种全新的进化适应性，正是基于此，众多微小的节肢动物以及随之而来的捕食者才得以在陆地上存活下来。

右图注：呼气虫可能类似于现今的千足虫。

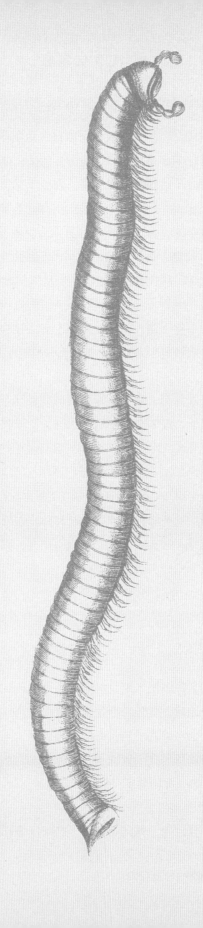

节肢动物占领地球

在泥盆纪，呼气虫并非独自生活在草丛中。与它同时出现的还有许多其他的多足动物，关于后者的最古老的化石来自志留纪和泥盆纪的地层。虽然这些多足动物、现生千足虫和蜈蚣有很大差距，却是它们的近亲，并且有许多共同点，两者看起来很像，都拥有长节的身体和很多条腿——千足虫每节身体两侧各有两条腿，而蜈蚣的每节身体只有一条腿。目前已知的腿最多千足虫是 *Illacme plenipes*，它的腿多达 750 条。现今的大多数现生千足虫是食腐动物，以腐烂的植物为食。有关这些动物的化石记录很稀少，所以每一块化石都十分珍贵，有助于我们了解生命在陆地上繁衍生息的过程。第一批陆生多足动物可能是被早期植物产生的新食物源吸引到陆地上的。

在泥盆纪，最早的蛛形纲动物也登上了陆地。这是一个包括了螨虫、蝎子、蜘蛛和盲蜘蛛的动物门类。与只有 6 条腿的昆虫不同，这些动物拥有 8 条腿，它们中的大多数至今仍然生活在陆地上，只有包括潜水钟蜘蛛在内的一小部分回到了水中。奥陶纪和志留纪的化石表明，蛛形纲动物和其他节肢动物可能在更早的时候就悄然出现在陆地上，到了泥盆纪，有些物种已经完全过渡到直接呼吸空气。最早的蛛形纲动物叫三角蛛，这是一个已经灭绝的物种，它们看起来像蜘蛛和螨虫的混合体。螨虫和拟蝎也大量存在，后来还出现了类似蜘蛛的动物，比如 *Attercops*，这类动物拥有能够生产丝的"纺器"。与今天一样，早期的蛛形纲动物大多也是捕食者，可能以那些冒着危险从水里爬出来的节肢动物为食。

到了泥盆纪末期，最早的昆虫也出现在陆地上，其数量几乎涵盖了现今地球上所有动物数量的 90% 左右。最后，一些脊椎动物也迈向陆地，也许是为了寻找新的食物来源。至此，我们所知的陆地生命的基本组成部分终于形成了。进化论在这些群体中发挥作用，创造了今天令人难以置信的多样且丰富的地球。

**节肢动物的
重要性**

节肢动物，尤其是昆虫，经常被当作害虫。其实，它们在地球的运转中发挥着重要作用。目前，全世界有 1.6 万余种多足类动物、6 万种蛛形纲动物和大约 1 000 万种昆虫。它们不仅在地球上最早的生态系统中扮演着重要角色，而且对自然界和人类至关重要。

部分多足类动物会分解森林中的落叶，这使它们成为能量循环中的一个关键环节。大多数蜈蚣都是捕食性的，体型最大的蜈蚣会捕食小型哺乳动物和爬行动物。大部分蛛形纲动物也是捕食性的，在调节猎物的数量方面发挥着自己的作用。这些猎物包括害虫，如果害虫的数量不受控制，它们就会对植物种群造成破坏。因此，不起眼的蜘蛛对农业来说大有裨益。螨虫和蜱虫可以寄生在别的动物身上，并携带病原体，所以会对人类和其他动物构成威胁，其他一些昆虫也会带来类似的危险。此外，蜜蜂会生产蜂蜜，蚂蚁和白蚁则不辞辛劳。它们构建了生态系统。昆虫的作用是如此多样，它们的价值确实无法估量。

许多节肢动物会分泌毒液，有些毒液对人类来说是致命的。不过，那些能使猎物丧失行动能力甚至死亡的毒液也可能是有益的，比如蜘蛛的毒液就已经被制成杀虫剂，研究人员正在将其用于医药领域和新材料领域。节肢动物还可以为其他动物提供食物，甚至成为同类的食物。人类也会食用节肢动物，如蝎子、蚱蜢等。今天，全世界有数千个物种出现在人类的餐桌上，最晚从旧石器时代起它们就一直是人类的食物来源。有人认为，随着人口不断增加，昆虫可能会成为重要的蛋白质来源，甚至替代资源密集型的畜牧业。

如今，我们很难想象地球上没有节肢动物，但事实上，它们本来可能早就灭绝了。在泥盆纪，整片陆地几乎是节肢动物的天下。可当它们冒着危险爬上陆地时，捕食者就藏在不远处。节肢动物的出现为另一群从水中登陆的动物提供了食物，那就是四足动物，节肢动物在人类的进化史上扮演着十分重要的角色。

菊石——地质时间的螺旋

菊石是最常见、最容易识别的化石之一。这种软体动物生活在大海里，用螺旋形的壳来保护它们柔软的身体。菊石与鱿鱼一样有多条触手，这些触手会伸出来寻找食物。在繁衍生息了超过 3.4 亿年之后，它们与非鸟恐龙几乎同时灭绝了。菊石不仅是重要的指准化石，几个世纪以来，还在民间传说中扮演重要角色。

在长达 3.4 亿年的史诗般的历史中，菊石，或者更准确地说菊石类（菊石所属的组别）遍布世界各地的海洋。它们的体型差异之大令人难以置信，最小的可以轻松地放在你的指甲上，最大的则超过 2 米宽。菊石是软体动物的一种，而软体动物包括蛞蝓、蜗牛和鱿鱼等。它们湿软的身体很难保存下来，所以我们很难弄清其解剖结构和生活方式。

大多数菊石可能生活在包括浅海和深海在内的海洋开阔水域，淡海水或淡水环境中则没有它们的身影。有些菊石以浮游生物为食，有证据表明，它们可能会喷出墨汁进行防御，这与它们的亲属鱿鱼和章鱼相似。

虽然菊石曾遍布海洋，但在白垩纪末期的生物大灭绝中，它们与非鸟恐龙一起退出了历史舞台，如今只有它们的近亲鹦鹉螺还活着。菊石的突然消失至今仍然是一个谜，很可能是因为生物大灭绝致使海洋中的浮游生物大量死亡，而浮游生物是菊石的主要食物来源，所以它们无法恢复昔日大量繁殖的盛况。

不过，由于菊石化石太常见、太容易识别，菊石化石能以遗产的形式继续存在，并融入了世界各地的文化。在科学家和普通大众心中，菊石的螺旋形外壳可能是古生物学的永恒象征。

右图注：这些菊石壳显示了菊石的形状多样性，有些像打开的线圈。

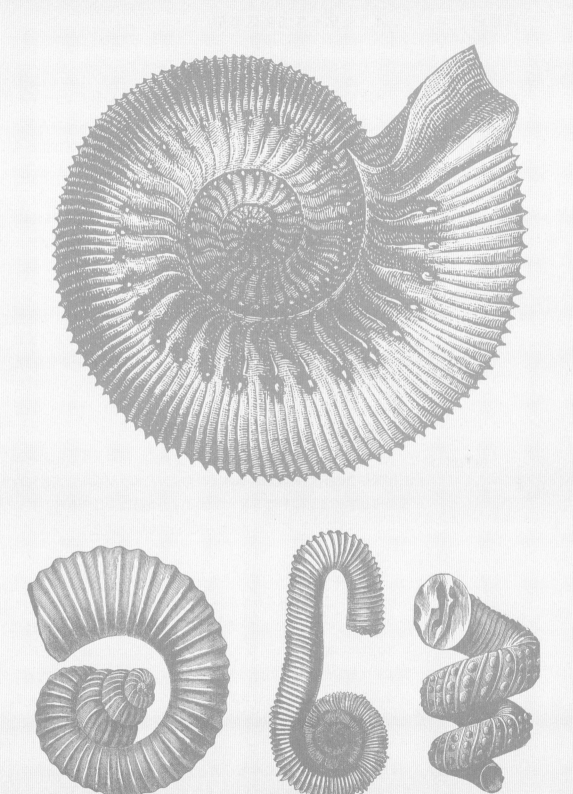

菊石的壳是由多个腔室组成的，这些腔室从螺旋形壳的中心向外不断扩大。大部分腔室都是空的，菊石本身只占据了壳口处最大的一个腔室。其余的腔室可能充满了气体，通过调整气体所占的比例，菊石可以在水面漂游。

菊石柔软的身体上可能有消化器官和 10 条触手，可能还有鳃和墨囊。许多菊石的嘴里有一个名为齿舌的硬腭，硬腭能帮助它们磨碎浮游生物或较大的猎物。

提到菊石，我们就会想到它们标志性的螺旋形状，不过，有些菊石拥有截然不同的外壳结构。这些外壳呈不规则螺旋状的菊石被统称为异形菊石。例如，船菊石形似数字"9"，而杆菊石几乎是笔直的，类似于一张长弓。此外，奇特的日本菊石看起来像一堆废弃的绳子，朝着各个方向生长。

菊石区域　　一个物种的起源和灭绝往往发生在很短的时间内，例如有些物种只存活了 20 万年。而菊石在地球上存在了漫长的 3 亿多年。通过其外壳的形状和腔室之间的缝合线，我们可以识别数以千计的物种。基于这一点，再加上它们遍布海洋，菊石成为理想的指准化石。

地质学家已经建立了数百个菊石"区域"，这些区域都与地层的年龄相关联。这种理解岩石地层学（对岩石的研究和分类）的方法出现在 19 世纪 50 年代，是由德国地质学家弗里德里希·昆施泰特（Friedrich Quenstedt）和阿尔贝特·奥佩尔（Albert Oppel）基于他们在法国和瑞士的汝拉山开展的研究提出的。多亏了这种方法，我们可以跨越遥远的距离对不同地区的地层进行比较，利用其中保存的物种来推测地层的年龄，以及它们所处的地质年代是怎样一番景象。

公羊的犄角　　菊石在地球上的分布非常广泛，其化石是一笔丰厚的文化遗产，几千年来不断被世界各地的人发现和收集。菊石的英文名"ammonite"

来自古埃及的太阳神阿蒙（Ammon），阿蒙的公羊角[①]与这种软体动物化石的形状很相似。在中国，菊石也被视为公羊角，在民间传说中，它代表一种被变成石头的未知动物。

最晚从中石器时代开始，菊石就成为人类文化信仰和实践活动的一部分。在英国巴斯附近的一座新石器时代的长条形墓穴中，人们在一块直立的石头中发现了一块菊石化石。在梵文文献中，菊石被描述为某种蠕虫留下的痕迹。在印度教传统中，菊石化石十分珍贵，因为它们与毗湿奴神（God Vishnu）手中的查克拉很相似。

菊石的进化故事鼓舞人心，其化石还被用于医疗和仪式。古希腊人认为菊石化石可以治疗失明和不孕症，并能保护人们免遭蛇咬。古罗马人则把它们放在枕头下，他们认为这样就可以做预知梦。

在中世纪的欧洲，人们认为菊石化石是被圣人变成石头的蛇的残骸。这些"蛇石"常常被用来保护农场动物免遭疾病的侵袭，或治疗咬伤和蜇伤等。在北美洲，菊石被黑脚族人称为"水牛石"，用于狩猎仪式。纳瓦霍人称菊石为 *wanisunga*，意思是"种子中的生命，壳体中的种子"。

---

① 古埃及人认为，公羊是太阳神阿蒙的化身。——编者注

棘螈——最早的陆生脊椎动物

在泥盆纪末期，第一批脊椎动物冒着危险登上了陆地。沿着潮湿的赤道地区杂草丛生的水道，肉鳍鱼的成员从沼泽里走了出来。这些先驱中就有棘螈，一种生活在泥盆纪的格陵兰岛的类似蝾螈的生物。此时的棘螈虽然还不是真正的陆生生物，但它的身体为登陆进化做好了准备，以应对离开水体后将面临的挑战。

棘螈是陆生脊椎动物的祖先。通过在格陵兰岛发现的化石，我们得知这种早期的四足动物生活在距今约 3.65 亿年的泥盆纪晚期。它拥有鳃和肺，生活在浅水沼泽里。它只有半米多长，有一个扁平宽大的头和四肢，还有一条长长的桨状尾巴，非常适合在水中游动。它看起来很像在美国东部、中国和日本发现的现生大鲵，不过它不是两栖动物，尽管它是这类动物的近亲，也是爬行动物和哺乳动物的近亲。棘螈与地球上所有陆生四足动物的祖先都有亲缘关系。

虽然棘螈的形体看起来已经准备好离开水体，进入生命进化的下一个篇章，但从它肩带的形状可以知道，它不太可能真的在陆地上爬行。不过，它的肢体结构为四足动物进化奠定了基础。目前，研究人员在化石记录中发现了许多与棘螈类似的动物化石，尤其是来自北极地区和格陵兰岛的化石记录，这些地方曾经靠近赤道。这一类群被统称为早期四足动物，或基干四足动物。早期四足动物还包括潘氏鱼和提塔利克鱼这些特别像鱼的动物，它们的四肢都不太发达。这些动物是从泥盆纪时数量极多的肉鳍鱼进化而来的，到了今天只剩下肺鱼和腔棘鱼这两类肉鳍鱼了。在早期四足动物中，棘螈是最早拥有发达腰带的物种之一，这使其为进化出强劲有力的后腿提供了可能。这一变化使后来出现的四足动物完全离开水成为可能。

右图注：鱼石螈（上）和棘螈（下）属于最早在陆地上行走的四足动物。

先划水后行走

最早的四足动物大多是水生动物，不太可能在陆地上行走。有一种误解认为，腿的进化是为了让动物能够行走，这种说法将进化过程的先后顺序颠倒了。大多数进化适应性，包括那些使动物在陆地上行走的适应性，通常来自由捕食或环境变化等因素驱动的一系列解剖学适应性。这种改变并不是为了实现某个目标，而是对外部刺激做出的反应。

最早的四足动物的四肢可能是随着肉鳍鱼利用鳍在水中游动而出现的。这些鳍有可能变得很大、很硬，是因为动物频繁地借助它们在杂草丛生的湖泊中穿行。像棘螈这样的动物没有腕部，它们的四肢从身体侧面向外伸出，就像一个高空跳伞运动员。这意味着它们无法将四肢伸到身体下方来支撑自身的重量，不过它们可以爬行穿过水下交错缠绕的杂草。

在早期四足动物中，有些物种还调整了手指和脚趾的个数。棘螈有 8 个手指和 8 个脚趾。后来，大多数四足动物的脚趾数固定为 5 个。这可能是支撑它们体重的最佳趾数，同时能让它们的腕部和踝部自由活动。

有证据表明，这些曾经主要生活在水中的早期四足动物已经离开水体一段时间了。它们的牙齿与其他鱼类的牙齿不一样，它们的头骨结构显示它们能够撕咬食物而进食，而不是通过吸食或其他方式进食。这意味着它们可能会把头伸出水面去捕食水边的猎物，比如节肢动物。棘螈的骨盆与部分脊椎骨融合在一起，这有助于它保持身体稳定，也许还能承受更多的身体重量，以便在脱离浮力后，短暂地停留在陆地上。

伸出你的脖子

人们在谈论早期四足动物从水中登上陆地时往往会关注它们的四肢，其实，肺部和颈部的变化可能同样重要，甚至更重要。早期的四足动物生活在浅水中，而浅水中的氧气含量会周期性地降低，肺的出现可能就是为了应对这一问题。随着肺部的出现和进化，早期的四足动物可以从大气中摄取氧气，而当时大气中的氧气含量是水中的30倍。

棘螈这一类动物使用一种"风箱系统"来呼吸，这种系统会将空气吸入其宽大的嘴巴，并通过抬起和放下嘴的底部将空气压入肺中。这就是颊泵呼吸。

后来，四足动物进化出了一种新的呼吸方式——肋呼吸，即利用肋骨和肋间肌使肺部呼气。由于不再用头部来呼吸，它们的头部就变窄了。这些动物进化出了早期颈部，头骨与身体的其他部分进一步分离。这意味着它们的部分头骨和颌部的肌肉可以用于取食，它们也因此具有更强大的咬合力，咬合的精确性也更高。这是一个重要的发展，因为它创造了新的取食方式，并永久地改变了四足动物的身体结构。

四足动物终于能够离开水体登上陆地并继续进化，最终成为陆地生态系统的重要组成部分。陆地上的生命即将进入新的篇章。

石炭纪

炎热而令人兴奋的石炭纪始于3.59亿年前，持续了约6 000万年。虽然石炭纪离我们很遥远，但无论是从人类的进化还是从推动工业发展的角度来看，这一时期于人类而言都极为重要。这一时期广阔的森林沼泽出现了，它们覆盖着一个由巨型昆虫主导的温室星球。然而，剧烈的气候变化很快就改变了地球的面貌，这为我们四条腿的祖先的进化铺平了道路，并使陆地上的食物网变得越来越复杂。

在石炭纪，大陆第一次呈现出我们所熟悉的五彩缤纷的样子。闪闪发光的泛大洋把地球上的大部分地区变成了蓝色的"大理石"，陆地上则是连绵起伏的青翠森林。在整个石炭纪，冰川在南极形成了一个白色的"帽子"，冈瓦纳大陆的大部分就停留在这个帽子上。北极和地块最高点可能也被冰覆盖着，这些陆地继续向北漂移。现在俄罗斯的西伯利亚和哈萨克斯坦在那时位于北半球纬度最高的地方，欧美大陆和后来汇聚成中国的地块则位于它们下方，靠近赤道。地块在整个石炭纪不断碰撞，形成了一个新的板块，上面布满了新的山脉。到石炭纪末期，盘古大陆这个超大陆已经基本成型。

在石炭纪的大部分时间里，地球上气候炎热、植物繁茂。原始的森林沼泽覆盖了大部分地方，森林中昆虫成群，整个陆地生态系统呈现出一片繁荣的景象。大气含氧量高达35%（现在只有21%），为地球历史上的最高值，这使那些昆虫能够长得非常大，包括有史以来最大的节肢动物。那时的千足虫长得比汽车还长，蜻蜓则长到海鸥那么大。最早的四足动物也在森林沼泽中繁衍生息，人们在树干中发现了它们的化石，它们有可能曾经在那里避难或捕食昆虫。

海洋生物仍然很繁盛，漫游的菊石和不计其数的鱼类参与了丰富多样的珊瑚礁生态系统。自寒武纪以来，三叶虫一直遍布海洋，后来却变得越来越少。作为一种类似软体动物的有壳动物，腕足类动物在古生代数量众多、种类丰富，现在则相对罕见，巨大的节肢动物，还有甲壳类动物（包括螃蟹的祖先）的命运也大同小异。随着身披盔甲的盾皮鱼的衰落，鲨鱼慢慢占领了它们的生态位。有些鲨鱼长着呈圆形阵列的剃刀状牙齿，擅长碾碎贝壳。有些鲨鱼的解剖学结构一直困扰着我们，例如，雄性胸脊鲨的背部伸出一个扁平的圆盘，犹如布满尖刺的熨衣板，其作用至今仍然是个谜。虽然我们对这个世界越来越熟悉，但仍然有很多未知的事物和神秘的地方等待着我们去探索。

罗默空缺

多年来，石炭纪初期的化石记录中一直存在着一段空白。古生物学家艾尔弗雷德·舍伍德·罗默（Alfred Sherwood Romer）最先发现了这一点，后来这段化石记录空白的地质历史就以他的名字命名为"罗默空缺"。这段空白跨越了 1 500 万年，这一时期的化石在全球范围内都极为少见。不过，这段空白显然包含了四足动物进化过程中的一个重要时刻。在此之前，棘螈等早期四足动物几乎不能离开水，而在这之后，它们却能轻松地适应陆地生活。由于这一时期的化石太稀少，我们很难了解这种转变是如何发生的。

近年来，人们试图找出罗默空缺的成因，有一种观点认为，环境条件可能阻碍了化石的形成或者导致了生态系统的崩溃。不过，最新的研究表明，这段时期并不是没有留下化石，只是尚未被大量发现。人类对早期石炭纪岩石的化石勘探很可能不够彻底，因为其中没有煤矿和其他工业资源，无法引起地质学家的兴趣。随着取样工作的开展，研究人员发现这段时期在生命模式方面似乎并不存在明显的"空缺"。新的发现正在慢慢填补进化故事中的这段空白。

黑金

世界上最大的煤炭矿藏源自石炭纪，这一时期也因此得名。第一批树木不断生长，它们吸收大气中的碳元素并将其固定在组织中。这些植物死亡后会形成腐烂的植物层，经过漫长的岁月，这些植物层就变成了地层中的煤层。然而，气候的剧烈变化破坏了最初的森林生态系统，在石炭纪大约 2/3 的时间里，气候变冷、变干，摧毁了在炎热的森林沼泽里繁衍的物种。这些森林沼泽的大面积消失被称为"石炭纪雨林崩溃事件"（Carboniferous Rainforest Collapse）。

煤炭是由死亡的植物形成的。植物遗体首先被分解成泥炭，然后被埋藏在沉积物中。在数百万年的时间里，这种沉积物产生了巨大的热量和压力，排出了水、二氧化碳和甲烷，留下了大量的碳。随着时间的推移，植物材料从泥炭转化为柴煤（也叫褐煤），然后变成烟煤，最后形成了无烟煤，或称黑煤。煤玉是一种褐煤，这种黑色的矿石散落在世界各地，几千年来一直被用于制作珍贵的珠宝和装饰品。

当我们使用化石燃料时，固定在其中的碳被释放出来，造成了大气污染。人类为了维持生存所做的举动已经引起了气候变化，这预示着地球的未来充满了不确定性。

鳞木——最早形成森林的树木之一

　　茂密的森林沼泽是石炭纪的标志。它们不仅形成了厚厚的煤层，推动了工业化的进程，有时还以"化石森林"的形式被保存下来。在化石森林中，如幽灵般的树干矗立在原地，仿佛刚刚被砍伐。然而，外表可能具有欺骗性，这些"树"实际上是现今那些矮小的下层植物的巨型亲属。在早期陆生生物所生活的大陆上，这些下层植物的远古亲属创造了新的栖息地。随着地球气候的变化，森林沼泽被相对干旱的林地取代，从而永远处于"森林"的阴影之中。

　　地球上最早的森林出现在泥盆纪，在大约 3.5 亿年前，它们已经蔓延到温暖且富含氧气的石炭纪。这些树木与我们今天所知的地球上的树木不同，它们主要是石松类植物的巨型亲属，比如水韭和现生石松，这些植物至今仍然存在，但高度大多不超过 20 厘米。这些古老的植物也被称为"鳞片树"，包括鳞木和封印木。它们高达 30 多米，耸立在由木贼属植物、蕨类植物和苔藓组成的茂密下层植被之上。现在，它们的化石散落在世界各地，代表了森林沼泽横跨古代大陆的时代。

　　鳞木外形虽然看起来和树无异，但它们的生长方式似乎与众不同。由于石炭纪早期的气候为热带气候，鳞木可以迅速长大。科学家认为，鳞木从诞生到死亡可能只有 15 年左右。它们的树干在长成后直径可达 2 米，上面生长着像松针一样的叶子。随着植株的生长，这些叶子会逐渐脱落，留下疙瘩状的图案，就像拔了毛的鸡皮一样。树干又长又直，树冠上方没有树枝，叶子和"果实"都长在树冠上。

　　在石炭纪的第一阶段，鳞木等古老的石松类植物覆盖了大部分陆地，跨越的纬度达到了 120 度。它们的统治并没有持续多久，因为这一阶段后气候的变化使得土地逐渐干涸，不再适合它们生存。

右图注：鳞木在世界各地形成了广阔的森林沼泽，它们与水韭、石松有亲缘关系。

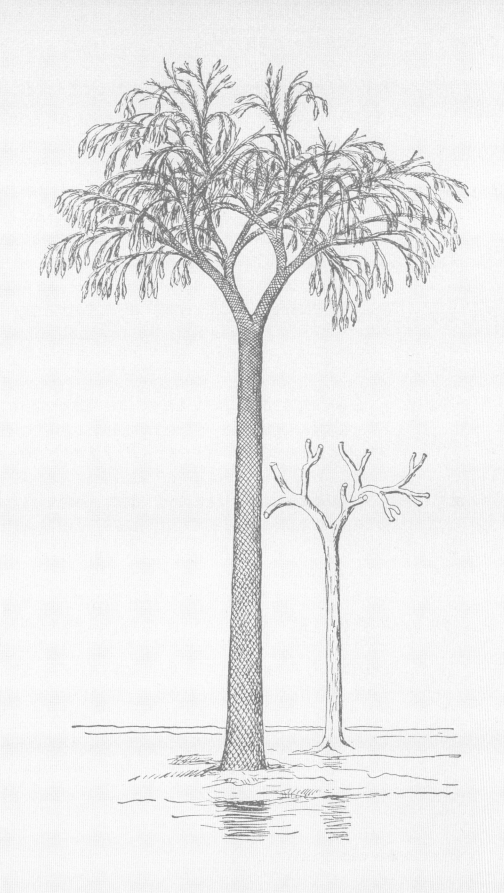

石炭纪	3.59 亿~2.99 亿年前

后来，虽然鳞木在当时还未灭绝，但它们再也不是森林中的优势生物了。到了三叠纪末期，鳞木彻底灭绝，只留下了矮小的近亲。

以拥有多个名字而闻名

古植物学家主要研究植物化石，他们给标本命名的方式与给其他已灭绝的物种命名的方式大不相同。生物只有一个特有的二元属名和种名，而已经灭绝的植物可能曾有多个名字，这是因为植物化石经常以碎片的形式被发现，所以已灭绝植物的不同部分会被分别命名。这些不同的部分就像散落的拼图一样，往往在数年或数十年后才能拼凑完整，并呈现出植物的全貌。鳞木的不同部位也有多个名字，其中最常见的是"根座"，意思是树木的地下根系结构。此外，"周皮相"、"内模相"和"中皮相"可能也是指鳞木。

化石森林

在 19 世纪的欧洲等地，鳞木的化石和其他石炭纪植物的化石在自然历史收藏和艺术中很受欢迎。由于鳞木树皮的化石上布满了疙瘩状图案，它们曾被视为古代蜥蜴皮或蛇皮的化石，并在露天市场和非正式的展览中展出。不过，大多数科学家认为它们是已经灭绝的植物的化石，也是煤的来源。由于工业化对煤炭的需求，这一时期出土的植物化石比以往任何时候都多，这些化石共同描绘出一个繁荣的古代植物世界。

很多棵树一起直立在原地保存下来的化石不仅令人惊叹，而且十分珍贵，这看起来就像一小片被砍伐的树林。苏格兰格拉斯哥和法国圣艾蒂安就有这样的化石森林，它们展示了鳞木的树干及其基部。在它们的帮助下，古生物学家得以了解化石形成的过程，比如植物是如何被快速掩埋的，以及在此过程中立体的化石和岩石外形是如何形成的，又为何能保持数百万年。这些化石森林还告诉古生物学家，彼时支持着这些生态系统的气候与现今的气候完全不同。在地质学领域，成煤化石是重要的研究对象，我们对地球历史的认识正是源于它们。

雨林崩溃　　在石炭纪晚期，植物区系发生了巨大变化。鳞木曾在石炭纪早期温暖湿润的环境中肆意生长，但到了 3.05 亿年前，气候变得十分干燥，这进而摧毁了森林沼泽。最终，世界上大部分地区的森林沼泽都走向崩溃，只有少数幸免于难。沼泽被新的生境取代，后者包括以树蕨为主的森林，以及一个被称为裸子植物的类群所占领的地块。我们今天所知的针叶树、苏铁与银杏的近亲都属于裸子植物。虽然这两类植物广泛存在，但它们和后来出现的许多树种一样，很少像鳞片树那样以煤的形式保存下来，更别说保持相同的深度和厚度。

为什么森林沼泽被保存下来的方式与后来的生态环境的保存方式如此不同？在石炭纪，诸如鳞木这样的鳞片树的树皮极厚，其体积占木材的比例比现代树种要高得多。这种树皮不仅能支撑树木，还能保护树木免受昆虫和火灾的伤害——这一时期大气中的氧气含量比较高，所以森林火灾频繁发生。有一种理论认为，由于这种厚厚的树皮含有高达 60% 的不溶性木质素，生物体很难分解它们。这意味着在数百万年的时间里，短命的鳞木和其他植物死后不会迅速腐烂，它们的树干堆积起来，形成了厚厚的有机物质，最终变成了厚厚的煤层，推动了工业革命的进程。然而最近的研究表明，这些植物死后不会迅速腐烂，这更多的与森林本身一直处于潮湿的热带环境有关，这种环境能减缓植物腐烂的速度。无论怎样，在石炭纪末期，环境发生了变化，自那以后形成的煤炭就变少了。

随着石炭纪的结束和二叠纪的到来，气候变得更加干燥，庞大的雨林生态系统就此终结。当盘古大陆逐渐形成时，内陆生境变得干旱，沙漠很快吞噬了大片陆地。

巨脉蜻蜓——最早飞上天空的巨型昆虫

石炭纪的地球上到处是巨大的节肢动物。由于大气中的氧气含量很高，昆虫和其他无脊椎动物可以长得很大，很多甚至比狗还大。除了体型巨大之外，它们中的一部分还是最早飞上天空的动物。巨脉蜻蜓兼具这两个令人印象深刻的特征，作为现代蜻蜓的亲属，它体型巨大，翼展和人的一只手臂一样长。在一片满是多腿巨兽的土地上，它在空中悠然自在地飞翔。

巨脉蜻蜓是一种类似现代蜻蜓的巨型昆虫，生活在大约 3 亿年前的石炭纪。虽然巨脉蜻蜓不是现代蜻蜓的直系祖先，但两者是近亲，看起来非常相似。巨脉蜻蜓长长的身体呈雪茄形，两对翅膀展开可达 70 厘米，还有两只大眼睛。与现代蜻蜓一样，巨脉蜻蜓也是一个猎手，以昆虫和其他无脊椎动物为食。现在地球上大约有 6 000 种蜻蜓和豆娘（蜻蜓的近亲），在生命的最初阶段，它们是生活在淡水中的没有翅膀的若虫，在春天和夏天从水中翩翩起飞。

在石炭纪，除了在天空中飞翔的巨型节肢动物，在灌木丛中穿行的无脊椎动物同样令人印象深刻。一种名为节胸蜈蚣的无脊椎动物是当时最大的陆生无脊椎动物之一，其身体由大约 30 个节段和至少 40 条腿组成，长度达到了 2.5 米。它在灌木丛中蜿蜒前进，以植物和腐烂物质为食。这种动物的足迹化石被称为双趾迹（*Diplichnites*），它们散落在世界各地，其中最有名的在苏格兰和加拿大新斯科舍省。

在石炭纪，天空中、陆地上不仅生活着巨脉蜻蜓和节胸蜈蚣等巨型生物，还有许多小型物种。到这一时期结束时，蜉蝣、蜻蜓和蟑螂的远古亲属，以及在它们之前出现的蜘蛛和千足虫都兴盛地繁殖着。这些动物都为数量激增的四足动物（所有陆生脊椎动物的祖先）提供了丰富的食物，四足动物不断分化出新的类群，并充分利用这些食物来源。

右图注：作为蜻蜓的一个远古亲属，巨脉蜻蜓长得像鹰一样大。

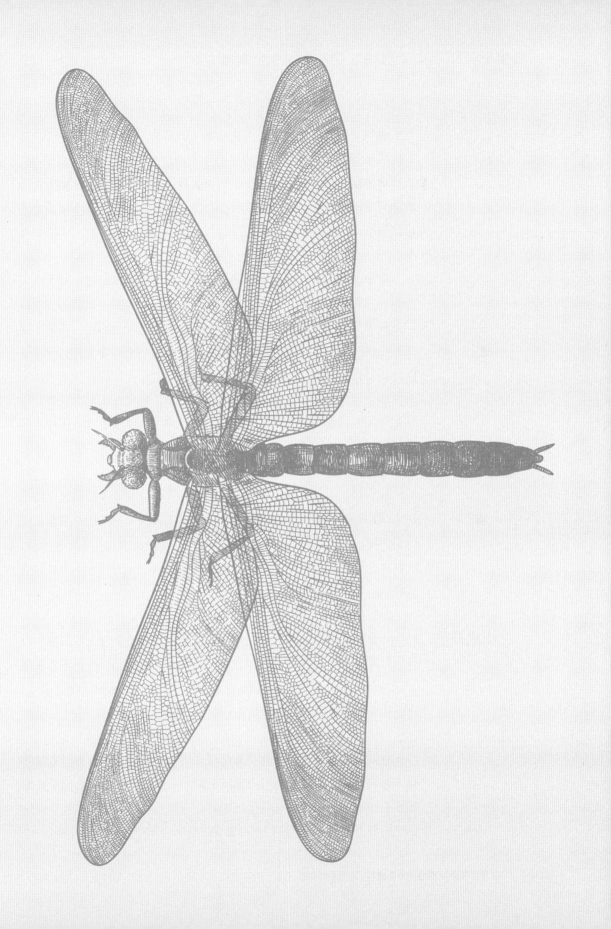

在现今的地球上，泰坦甲虫是最大的昆虫，它可以长到一个成年人的手掌那么长。虽然目前地球上有几个大型昆虫物种，但在现存的数百万种昆虫中，它们只是极少数。按照人类的标准，大多数节肢动物都非常小，有些甚至只能算微型。昆虫和其他节肢动物的体型之所以比较小，主要原因之一是它们的呼吸方式特殊。

昆虫虽然拥有一系列身体构造，但没有肺。气体通过被称为气门的孔进入它们的身体，气门通常位于胸部或腹部。有关气门的证据最早是在呼气虫中发现的，这是一种生活在志留纪或泥盆纪的类似千足虫的生物。气体经气门进入昆虫体内，并通过一个名为气管的管道系统传送到内部器官和组织。随着昆虫的生长，这些孔和管道的气体交换效率会越来越低，这就把昆虫体重的自然上限定在 100 克左右。在体型较大的昆虫体内，气管会变得更大更多，这增加了其身体变干的风险，甚至会致使其死亡。

在石炭纪，规则发生了变化。由于大气中的氧气含量比现在高了14%，昆虫和其他无脊椎动物的体型上限被打破了，它们因而能够长成巨型生物。作为当时唯一具备飞行能力的生物，昆虫在空中没有天敌，所以像巨脉蜻蜓这样的生物成了空中的顶级猎手，这种情况一直持续到二叠纪。

率先升空　　当你拍打黄蜂或蚊子时，是否想过，它们为何具有飞行的能力？昆虫是唯一进化出动力飞行能力的无脊椎动物。它们在石炭纪就实现了这一具有里程碑意义的突破，比脊椎动物中的翼龙早了 1 亿多年，更不用说后来出现的鸟翼类恐龙（鸟）和哺乳动物（蝙蝠）了。

目前我们还不清楚动物是如何进化出飞行能力的，因为尚未找到相关的化石证据。昆虫化石在地球上的煤层中随处可见，它们主要形成于石炭纪中后期。从这些化石中可以清楚地看到，昆虫在那个时候已经能够飞行，这表明它们很可能在更早的时期就进化出了这种能力。

翅膀可能是由昆虫身体原有的部分进化而来的。有一种观点认为，翅膀是由背板侧叶进化而成的，背板侧叶相当于降落伞，能在昆虫从高处掉到地面上时（比如躲避捕食者）起到缓冲作用。另一种观点则认为，翅膀是昆虫肢节中得到改良的部分。如果我们足够幸运，能找到大量石炭纪早期的化石，它们可能会解开这个巨大的进化之谜，并揭示这些无畏的无脊椎动物是如何飞上天空的。

飞行的珍宝　　蜻蜓在人类文化史上扮演着多种角色。几千年来，它们在神话和艺术中牢牢地占据着一席之地，这要归功于它们的生命周期、绚丽的色彩、精美的翅脉和迅捷的狩猎速度。在 4 000 多年前的《吉尔伽美什史诗》中，从水中的若虫到飞翔的蜻蜓的蜕变代表了人类向往的永生。对一些美国原始居民来说，蜻蜓迅捷的飞行象征着勤劳，霍皮人、达科他人和普韦布洛人通常会在陶器、岩石和项链上描绘蜻蜓图案。在日本，蜻蜓是无数俳句和艺术作品的灵感来源。在日本的历史典籍中，日本被称为"秋津洲"（Akitsushima，"秋津"是蜻蜓的古称），有时也叫"蜻蛉岛"。蜻蜓在艺术上如此受欢迎得益于它们绚丽的色彩和精致的翅脉，而色彩和翅脉常被用来区分不同的物种。然而，蜻蜓在欧洲民间故事中的形象就没有那么美好了，它们被描绘成害虫，有时甚至是邪恶的象征。

波尔蛸属动物——章鱼的祖先

几千年来，在人类的神话中，多臂怪兽从海洋深处钻出来，造成了巨大的破坏。其实，早在 3 亿年前的石炭纪，章鱼和鱿鱼就出现了。波尔蛸属动物是一类拇指大小的头足类动物，生活在北美洲的海岸边。从这个微小的祖先开始，章鱼不断进化，拥有了非凡的伪装技能和极高的智商，它们会喷出墨汁来掩护自己逃生，这为它们赢得了地球上"最聪明的无脊椎动物"的称号。

波尔蛸属动物比人的拇指尖还要小，它们的身体呈圆饺子状，身体伸出 10 条触手，其中 2 条比其他的短。其化石的正中心有一个黑点，研究人员认为那是墨囊的残留物。它虽然算不上可怕的深海怪兽，但这种不起眼的无脊椎动物是地球上已知最古老的章鱼类群。在 3.07 亿年前，它们就在北美洲大片内海的近岸浅水中觅食。

章鱼和鱿鱼属于软体动物中的头足类动物。软体动物还包括墨鱼和鹦鹉螺，以及已经灭绝的菊石和箭石。最早的头足类动物出现在寒武纪，而波尔蛸属动物的简陋遗骸告诉我们，章鱼和鱿鱼是在近 2 亿年后才出现的。虽然波尔蛸属动物不是真正的章鱼，但它们和现生章鱼肯定存在亲属关系。波尔蛸属动物没有壳，所以它们不同于海洋中的有壳头足类动物。鱿鱼嘴边有 2 根触角，触角末端有吸盘，这与章鱼不同。波尔蛸属动物有 2 个触角状附属物，这表明鱿鱼和章鱼的共同祖先有 8 条触手和 2 根触角，后来，那 2 根触角从章鱼身上消失了。

在头足类动物中，章鱼是一个很独特的物种，其身体特别柔软，所以很少以化石的形式保存下来。它们拥有喙，或者叫齿舌（所有软体动物都有的坚硬口器），但缺乏乌贼和鱿鱼身上的骨骼。在波尔蛸属动物化石被发现之前，最古老的章鱼化石来自侏罗纪。波尔蛸属动物化石的发现将章鱼出现在地球上的时间往前推了 1.4 亿年，这种独特的生物早已成为整个世界的一部分。

右图注：波尔蛸属动物生活在 3 亿多年前，它们与现今的鱿鱼（左上和中）和章鱼（右上和下）存在亲属关系。

如今，从珊瑚礁到暗黑的深海，海洋中随处可见章鱼的身影。大多数章鱼都是捕食性的，它们会向猎物喷射具有麻痹作用的唾液，然后用强有力的触手和齿舌将猎物撕碎。

不可思议的武器

章鱼是一种了不起的动物。有些章鱼体型很小，有些则是庞然大物，比如北太平洋巨型章鱼，其身体比一辆家用汽车还长。它的姐妹物种体型更大，比两辆家用汽车连起来还长。章鱼皮肤上遍布的细胞使其能够通过改变身体的颜色来进行伪装和交流。章鱼还拥有一个复杂的、分布式的神经系统，可以整合它们通过触觉收集到的大量信息。它们的身体上长满了肌肉，肌肉呈圆形，有纵向分布的和横向分布的，这使它们可以扭曲成任意形状。此外，它们的圆形吸盘能够紧紧吸附物体表面和猎物，并操纵被吸附的物体。

章鱼的吸盘上有化学感受器，这意味着它们能"尝到"吸盘所接触的一切事物。章鱼的视力也很好，所以它们尤其擅长探测。大多数章鱼都有一个装满墨汁的墨囊，这种墨汁是一种天然色素。遇到危险时，章鱼会喷射出墨汁，形成一团具有迷惑性的"黑云"，以掩护自己逃离危险。

章鱼的脑体比是无脊椎动物中最高的，接近最聪明的哺乳动物和鸟类。它们还是已知的唯一会使用工具的无脊椎动物，比如，它们能把废弃的椰子壳堆在一起做成庇护所。在水族馆里，章鱼是逃生高手。人们甚至用章鱼来预测体育赛事的结果。在德国，一只名叫保罗的章鱼预测足球比赛结果的成功率高达 86%，当然，有些人指责水族馆的饲养员作弊了。

尽管智力的高低没有明确的定义，但章鱼的逃生行为展现出了它们的聪明才智，这是其他大多数生命模式所无法比拟的。一些科学家认为，章鱼拥有意识和情感，不过其展示形式与人类的截然不同，所以很难识别。由于科学研究中经常用到章鱼、鱿鱼和乌贼，而它们又很可能会感受到痛苦，有些欧洲国家便修订了法律，为用于科学研究的章鱼、鱿鱼和乌贼提供了额外的保护。它们以这种方式被写进法律，这间接承认了它们的独特地位。

苏醒的"克拉肯"　　作为人类的食物、臆想中的"敌人",章鱼和鱿鱼在人类文化中占据着重要地位。它们出现在世界各地的菜单上,但它们与海洋的联系并不仅限于此。在一些人看来,它们性感的触手既象征着情色,也代表着邪恶和危险。事实上,大多数章鱼对人类是无害的。然而,在神话故事中,这些拥有很多触手的生物往往成了远洋航行中危险的化身,它们以怪物的形式出现,将水手拖向海底。

日本北部岛屿上的原始居民阿伊努人尊崇章鱼和鱿鱼,并称其为Akkorokamui,这个词指的是一种强大的自然力量,这种力量能随心所欲地影响人类。在一些太平洋岛民所信奉的创世神话中,章鱼也扮演着重要角色。在地中海沿岸的欧洲地区,早在青铜时代章鱼就被描绘出来了,而在北欧,它们以可怕的"克拉肯"[①]的形象出现在斯堪的纳维亚半岛的传说中。在 19 世纪的法国经典文学作品中,章鱼袭击象征着工业革命和科学进步带来的严重破坏。拥有许多触手的章鱼形象已经成为恐怖的代名词,这些触手能够伸展、扭曲、抓取和穿透。

从长远来看,章鱼和鱿鱼可能比人类更具优势。它们已经存活了3 亿多年,其生命周期、智力和适应能力很可能会让它们成为当前气候危机中的幸存者。在一些地区,某些种类的章鱼和鱿鱼正在迅速繁衍。随着竞争对手因被过度捕捞和环境破坏而灭绝,章鱼和鱿鱼更容易获得食物。它们繁殖的速度极快,所以更容易在恶劣的环境中维持数量。虽然大多数章鱼只能活几年,但雌性章鱼一次可以产下多达 7 万个卵,它们通常会保护这些卵直到孵化。研究表明,随着气温的上升,章鱼和鱿鱼的生命周期会缩短,不过我们尚不清楚它们对气候变化做出的反应。当人类走向灭绝时,它们的后代可能仍然生活在地球上,并且仍是智商极高的动物。

---

① Kraken,传说中的海洋怪物,体形巨大。——编者注

林蜥——产卵的四足动物

　　四足动物的祖先在石炭纪迅速辐射。从这一时期开始，它们形成了三个主要的支系，即两栖动物的祖先、爬行动物的祖先和哺乳动物的祖先。当雨林世界因气候变化而干涸时，它们中的一部分通过羊膜卵这项重要的创新来适应环境的变化。正因如此，它们才有可能在不断变化的干旱大陆上繁衍生息，并以凶猛的姿态傲立于古生代末期。

　　如果你身处石炭纪并仔细观察鳞木树干上的空洞，你可能会在里面发现你最古老的亲属之一。大约 3.1 亿年前，最早冒着危险登上陆地的肉鳍鱼已经进化成陆生生物，其中包括哺乳动物和爬行动物支系中最古老的成员，人们在代表古老森林的地层中发现了它们的化石。

　　林蜥是一种类似蜥蜴的动物，比人的手长不了多少。它当时生活在现在的加拿大的新斯科舍省，是无可争议的最古老的爬行动物之一。它拥有满嘴的锥形尖牙、长长的尾巴和舒展的腿。彼时，许多四足动物在森林中穿行，以在高氧环境中聚集的大量昆虫为食，林蜥就是其中一种。与它同时出现的还有哺乳动物中的第一批成员，即合弓纲动物，始祖单弓兽就是其中的典型代表。由于拥有共同的祖先，爬行动物和合弓纲动物看起来很相似，可它们实则是两个完全不同的群体，研究人员可以通过它们的骨骼解剖细节来区分它们。这些爬行动物和哺乳动物的祖先、两栖动物的祖先，以及其他后来灭绝的早期四足动物一起生活在陆地上。

　　在石炭纪后期，气候变化开始改变地貌，爬行动物和哺乳动物的祖先比它们的表亲更具生存优势。与其他类群不同，林蜥属和始祖单弓兽属于羊膜动物，它们产的卵是带壳的。正是因为卵外包裹的羊膜和外壳，即使气候变得干冷，原本广布的潮湿的栖息地也仅存在大陆边缘，羊膜动物也能在恶劣环境下繁殖。很快，羊膜动物的数量开始增加，出现了很多新的四足动物。

右图注：林蜥是早期羊膜动物，它们的卵带有保护壳。

石炭纪	3.59 亿～2.99 亿年前

两栖动物、
爬行动物
和哺乳动物

大多数人认为两栖动物最早出现，爬行动物由它们进化而来，哺乳动物则由爬行动物进化而来。其实，这是一种误解。随着越来越多的化石被发现，以及我们对动物关系的深入了解，现在我们知道，这三个主要谱系虽然拥有共同的祖先，但彼此是完全独立进化的。

在石炭纪早期，第一批四足动物属于非羊膜动物，它们在体外受精，并将卵产在水中，就像今天的鱼类和两栖动物一样。由于非羊膜动物将卵产在水中，所以它们必须在水域附近生活，这阻碍了它们向干燥的地方繁衍。

在石炭纪晚期，爬行动物和哺乳动物的共同祖先出现了。它是最早的羊膜动物，其精子和卵子在雌性体内结合，并发育成一个更复杂的卵，这个卵被包裹在或坚韧或坚硬的外壳中。

在现代人看来，最早的羊膜动物与现今地球上的小型爬行动物很相似，不过这种相似性只停留在外观上。这些古老的动物是爬行动物和哺乳动物的远古祖先。林蜥和始祖单弓兽等动物的化石表明，到石炭纪末期，羊膜动物已经分化出两个主要支系，即爬行动物（包括鸟类[1]）的祖先和哺乳动物的祖先。

尽管我们喜欢简化生命的进化过程，但事实上，远古森林中生活着许多奇特的四足动物。由于相关的化石记录很稀少，我们很难弄清并解释它们与现代动物之间的关系。

先有蛋后有鸡

羊膜的有无是脊椎动物大家族的一个基本区别。随着地球毫无预兆地发生气候变化，升温或降温，羊膜的出现对陆生脊椎动物产生了巨大影响，并决定着它们在地质时期的进化和崛起。

---

① 鸟类由爬行动物进化而来。——编者注

在现今的地球上，最常见的陆生非羊膜动物是两栖动物。它们在池塘或溪水中产卵，卵通常呈果冻状。发育中的胚胎直接从周围的水中吸收氧气，并将代谢废物排到水中。一些物种已经找到新的策略来应对缺水的环境，包括吸收储存在花朵中的水分，甚至在嘴里孵卵。不过，当时的大多数物种在繁殖时仍然离不开水。

对羊膜动物来说，包裹着卵的外壳为它们提供了一个便携式"池塘"。外壳内有一层膜，这可以使羊水包裹着发育中的幼体，还有一个为卵提供营养的卵黄囊，以及一个处理代谢废物的结构。正是因为有了这种新型的卵，羊膜动物才得以离开池塘和溪流，慢慢迈向陆地，并在新的栖息地定居。

在石炭纪晚期，随着气候变得越来越干燥，羊膜动物获得了生存优势，因为它们的卵不会被晒干，还可以在温度适宜的地下进行孵化。随着时间的推移，海洋爬行动物和哺乳动物等羊膜动物完全放弃了产卵、孵化，而是直接生下幼崽。

二叠纪

二叠纪是史诗般的古生代中一个异乎寻常的高潮。它始于 2.99 亿年前，在气候的波动和极端环境之下，它又走向了终结。大陆之间相互碰撞，最终形成了超大陆——盘古大陆，其中心既炎热又干旱，边缘则是季雨林。针叶树不断进化，第一批大型四足动物也发生了变化。然而，这个丰饶的生命世界并没有存在多久。仅仅 4 700 万年后，地球几乎摧毁了这一切，残酷地为二叠纪画上了句号，这对整个进化过程产生了巨大的影响。

作为古生代的最后一纪，二叠纪始于 2.99 亿年前，结束于 2.52 亿年前。在这个时期，地球处于一种极端状态：一半是水，另一半是陆地。从逐渐缩小的古特提斯海的东部边缘，到横跨地球的新超大陆（盘古大陆）的西岸，泛大洋如一块蓝色巨幕覆盖其上。

盘古大陆是在石炭纪末期形成的。整个二叠纪，盘古大陆上的气候和地貌从一个极端走向了另一个极端。在这一时期，全球气温变化极大，首先经历了冰期尾声，接着，在一系列冷暖循环中，天气变得炎热又干燥。盘古大陆遭受着季风的侵袭，森林里的针叶树和苏铁的叶子被雨水冲刷得又绿又亮。随着时间的推移，盘古大陆的中心地带逐渐干涸，形成了大片的干旱山地和沙漠。这些地方每天经受着极端的高温和低温，给生命的繁衍带来了极大的挑战。与喜水的蕨类和石松类相比，会结种子的树木在这种极

端条件下表现良好。森林沼泽不断缩小，最后只存在于古特提斯海边缘的岛屿上，即现在的中国南方。许多现代植物类群的祖先也出现在这一时期。一种名为舌羊齿的植物占据了盘古大陆的南部地区，成为地质学家探究远古大陆布局的关键证据。

二叠纪的大陆虽然干燥，但还是出现了地球上最早的食物网。蟑螂的远古亲属遍布这片土地，鞘翅目和半翅目的昆虫也出现了。四足动物，尤其是哺乳动物的祖先体型变大，有些还适应了以植物为食的生活方式。最早的植食性动物在这片土地上觅食，它们也是大型捕食者的猎物，这些捕食者像老虎一样大，长着剑齿，极为凶猛。到了二叠纪末期，哺乳动物的祖先兴盛地繁衍起来。此时的地球犹如一个"阴阳"星球，让我们感到既熟悉又陌生。随着地球历史上最大规模、最具毁灭性的大灭绝的到来，生命的进化戛然而止。这场大灭绝将重启进化的进程，哺乳动

物的祖先不再是生态系统中的主要角色，爬行动物成为脊椎动物中的中坚力量。

超大陆旋回

当地球上那些分散的主要地块汇聚在一起时，超大陆就形成了，这有点像地质上的橄榄球争夺战。这个过程是由地幔处的岩浆对流驱动的，热量通过处于熔融状态下的地球内部进行传递，从而推动大陆板块重新排列。板块与板块之间缓慢地碰撞，或相互挤压形成山脉，或向下俯冲形成深沟。板块也可以在彼此的下方滑动、拆沉，融化在地幔中。在这些移动的板块边缘，火山喷发极为频繁。

盘古大陆或许是最著名的超大陆，它塑造了地球的面貌。这片大陆形成于石炭纪末期，解体于早侏罗世。它并不是唯一的超大陆，在地球的历史上，板块之间不断经历分离和重组的过程。对于地球历史上的超大陆的数量和名称，地质学家们至今仍存在分歧。超大陆的形成和解体在过去的 36 亿年里周期性地发生，目前已被确定的超大陆多达 10个。这些大陆的位置影响着季风和海洋环流，改变了全球气候。正因如此，它们的形成与解体总会对陆地和海洋的环境产生巨大影响。

大灭绝

毫不夸张地说，二叠纪结束时那场大灭绝几乎摧毁了地球上的所有生命。多达 85%

的物种都灭绝了，其中包括构成了地球上第一条大型植食性动物-肉食性动物食物链的主要四足动物类群。一般来说，昆虫能在大多数生物大灭绝中幸存下来，但在这场大灭绝中，很多昆虫目整体灭亡了。海洋生物也没能从这场大灭绝中幸免，灭绝动物中最具代表性的是三叶虫。此外，由于海洋酸化现象广泛出现，具有碳酸钙外骨骼的物种受到了尤为严重的影响。

二叠纪末期的大灭绝主要是由一系列大规模的火山喷发引起的。彼时，在现今的西伯利亚地区出现了一种被称为洪流玄武岩喷发的现象，熔岩吞没了一片相当于澳大利亚大小的地区。这些熔岩流形成了一种独特景观，即西伯利亚地盾。除了炽热的岩浆摧毁了它所接触到的一切事物之外，火山喷发还向大气中释放了大量的火山灰、富含硫的气体、甲烷和二氧化碳。这些物质锁住了热量，进而产生了失控的温室效应，整个地球都被烘烤着。这些物质还与雨水发生反应，以酸雨的形式落下。在这些因素的共同作用下，许多陆地植物和海洋生物消失了，地球上的食物网濒临崩溃，许多其他动物也消亡了。

在随后的三叠纪，生态系统花了大约 3 000 万年才完全恢复。当生态系统恢复时，主要的动物类群随之发生了变化，以前从未出现过的怪异的爬行动物在海洋里、陆地上和天空中开启了新的生活方式。

舌羊齿——种子植物连接起地球上的大陆

种子植物舌羊齿可能是二叠纪最著名的植物。它那不起眼的细长叶子不仅揭示了古环境，还为超大陆的存在和板块构造理论提供了证据。这种植物生长在超大陆的南部地区，其化石甚至分布在南极洲，其叶子的化石也最先在南极洲被发现，这种叶子化石学术价值颇高。

舌羊齿几乎已经成为二叠纪的象征。它是一类种子蕨，种子蕨指的是一类有种子的植物，这类植物出现在 3.75 亿年前的泥盆纪，在 6 600 万年前的白垩纪末期灭绝。种子蕨在石炭纪和二叠纪极为常见，舌羊齿虽然出现得晚一些，但迅速繁荣起来。与其他许多物种一样，舌羊齿消失在了二叠纪末期那次有史以来最大规模的灭绝中。

舌羊齿属于一种木本植物，高度可以达到 30 米。它可能很像针叶树，但它的叶子不是针叶，而是呈舌头状。叶子的宽度不及人的指尖，长度也不及人的前臂。研究人员认为，这种植物的叶子会在秋天掉落。舌羊齿的化石表明，其生长周期呈现季节性的特点，即在春天和夏天生长，在冬天休止。舌羊齿喜欢潮湿的环境，所以它只能生长在二叠纪时期的南半球。如今，舌羊齿的化石散落在非洲、南极洲、南美洲，澳大利亚、印度和新西兰也有分布，这些板块上的煤层也主要由这种植物形成。

研究人员一般用 *Glossopteris* 称呼舌羊齿叶子的化石，其根部的化石被称为 *Vertebraria*，生殖器官化石被称为 *Dictyopteridium* 和 *Ottokaria*。舌羊齿有很多种，仅在印度就发现了 70 种。目前，研究人员仍在努力探究其真正的分类多样性。

右图注：这是含典型冈瓦纳相舌羊齿叶子的化石图案，这种已经灭绝的植物曾经遍布超大陆。

地球上第一个复杂的生命出现时，冈瓦纳大陆就已经存在了，到了二叠纪，它变成了更大的盘古大陆的一部分。

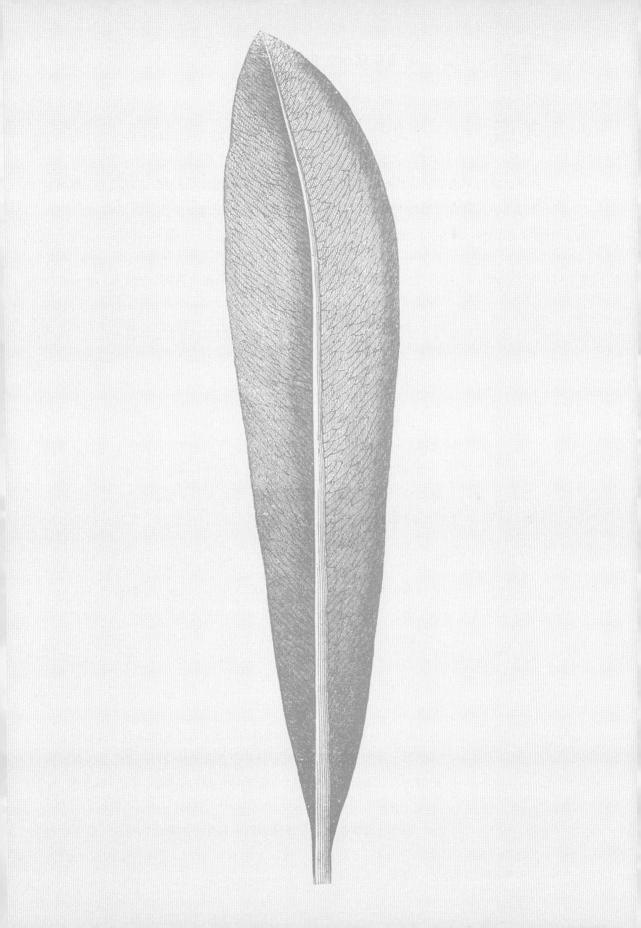

早在 16 世纪，科学家就提出了地球上许多独立的大陆曾经可能拼接在一起的观点，当时他们就注意到，许多大陆的海岸线从形状来看可以拼合在一起。直到 1912 年，德国极地研究者阿尔弗雷德·魏格纳（Alfred Wegener）才提出了大陆运动的假说，即大陆漂移说。

支持大陆曾经相连这一假说的一个主要证据来自化石。南半球各大洲之间虽然隔着广阔的海洋，但都发现了舌羊齿的化石。舌羊齿的种子质量太大了，无法随风漂洋过海，所以最有可能的解释是，这些大陆在二叠纪时由"陆桥"连接在一起。这个推测是由奥地利地质学家爱德华·修斯（Eduard Suess）提出的，他将舌羊齿赖以生存和繁衍的南部超大陆命名为冈瓦纳大陆。

南极洲的舌羊齿

在地球上的所有大陆中，有一片大陆我们了解得相对较少，那就是南极洲。南极洲现在几乎完全被一个巨大的永久性冰帽覆盖，大部分地区的地质情况都不为人知。移动的冰川很难靠近并冲刷南极洲最北端边缘的裸露岩石。直到现在，我们对这片大陆上的生命进化历史几乎一无所知。

1910 年，罗伯特·福尔肯·斯科特（Robert Falcon Scott）率领英国新地探险队前往南极，旨在成为第一个到达南极极点的人。此外，他们还打算收集科学数据，包括关于该大陆的地质、气候和植物的数据。虽然他们成功到达了南极极点，但罗阿尔德·阿蒙森（Roald Amundsen）带领的挪威探险队比他们更早抵达。在回程途中，斯科特一行人不幸丧生。

8 个月后，人们在他们的遗体旁发现了舌羊齿的化石。在形势危急的情况下，探险队虽然放弃了很多装备以减轻负担，但还是保留了重约 15 千克的舌羊齿化石，以及其他灭绝生物的化石、笔记和研究样本。

斯科特的团队可能已经认识到，这些标本和他们对这些标本的观

二叠纪	2.99 亿～2.52 亿年前

察记录极为重要，所以即使生命垂危，他们也没有丢掉这些标本。这些化石彻底改变了我们对这块冰冻大陆的认识，不仅证明了它曾经是温暖且充满生命力的，还证明了它曾经与遍布舌羊齿的澳大利亚和非洲等板块具有联系。随着气候的变暖，南极洲的冰川将不断融化，获取化石可能会变得更容易，但人类要付出比斯科特那支探险队更大、更惨烈的代价。

异齿龙——哺乳动物的远古亲属

在四足动物的历史上，异齿龙无疑是最容易被误解的动物之一。这种标志性的背帆动物生活在 2.7 亿年前的二叠纪早期。多年来，异齿龙一直被视为爬行动物，现在我们知道，异齿龙及其近亲是我们的远古亲属之一。作为哺乳动物的远古亲属，异齿龙是生态系统中的顶级捕食者。随着森林生态系统的崩溃，异齿龙让位于哺乳动物谱系中的新成员，后者包括最早的巨型植食性动物和以它们为食的剑齿兽。

异齿龙因其独特的造型而具有极高的辨识度。它的脊柱上有一面巨大的帆，像一把展开的扇子一样伸向天空，它也因此成为艺术家描绘地球上的原始动物时的首选。异齿龙经常被误以为是恐龙或爬行动物，虽然看起来像蜥蜴，但实际上属于合弓纲，也是哺乳动物谱系中人类的远古亲属之一。它生活在二叠纪早期，距今 2.95 亿～2.7 亿年，其化石埋藏在曾经是繁茂的河流三角洲的地层中。

异齿龙有多个种类，有比狗大不了多少的小型物种，也有比家用汽车还长的怪异巨兽。它们的显著特征之一是满口的尖锐牙齿，包括靠近前部的长长的犬齿型牙齿。这表明它们不仅是肉食者，还是哺乳动物谱系中最早进化出特殊牙齿的物种，这种牙齿有助于它们高效地处理不同的食物。异齿龙可能以其他脊椎动物和大型昆虫为食，当时其他的合弓纲动物则以植物、昆虫和鱼为食。

异齿龙只是生活在二叠纪的众多合弓纲动物中的一种。到了二叠纪中期，气候的变化使盘古大陆变干，进而改变了森林的构成。与此同时，异齿龙等动物被它们的后代取代，后者被统称为兽孔类。这些越来越像哺乳动物的动物在二叠纪晚期继续繁殖，出现了动作迅猛的肉食性动物和笨重的巨型植食性动物。几千年来，这种捕食者和猎物的关系一次又一次地出现，形成了陆地生态系统的基础。

右图注：异齿龙是哺乳动物的一个远古亲属。在恐龙出现之前的数百万年里，这种动物是进化最成功的四足动物之一。

二叠纪	2.99 亿～2.52 亿年前

不是爬行动物　　异齿龙经常被误以为与恐龙生活在一起，其实，这两个类群生活在不同的时期，异齿龙比恐龙早了近 1 亿年。在很长一段时间里，异齿龙等基干哺乳动物被称为"似哺乳类爬行动物"。到了 19 世纪末，它才被归入哺乳动物。

最初，人们认为异齿龙是从爬行动物的一个分支进化而来的。随着越来越多的化石被发现，以及人们对进化和亲缘关系的深入了解，研究人员意识到，哺乳动物类与爬行动物类是完全独立的两个支系，这两个支系是由石炭纪时的一个共同的四足动物祖先进化而来的。

尽管我们知道异齿龙既不是恐龙，也不是任何一种爬行动物，但这个错误的名称一直延续到现在。不过，它与爬行动物在外形上确实有一些相似之处。它的身体向两侧伸展，没有毛发，也没有外耳。它身体很长，走起路来有点像蜥蜴，不过它移动的姿势与爬行动物不太一样。我们之所以倾向于将这些特征与爬行动物联系在一起，是因为这些特征在几乎所有哺乳动物中消失了，但由于两者有共同祖先——早期四足动物，因而大多数早期四足动物则具备这些特征。

驶向远方　　异齿龙的背棘让它拥有了朋克的外形，也给科学家制造了难题。那排棘像针一样细，而且越靠近顶部越细。异齿龙的近亲基龙的背部也长了一排棘，棘上布满节状突起，看起来像细小的树枝。在大型物种中，这些棘的高度可以达到 2 米以上。这些棘组成的巨大的结构是用来做什么的呢？科学家认为它们可能与帆的作用一样，带着这些动物穿过湖面。不过这种观点有点荒谬，因为异齿龙不可能从湖的一端漂到另一端。其他不可能成立的观点包括这些棘支撑着储存脂肪的背帆，或者在异齿龙穿过茂密的树丛时为其提供伪装。

对于背帆的作用，最广为人知的解释是：它是用来调节体温的，在阳光下帮助动物升温，在阴凉处则加速散热。通过研究了动物的体型和背帆的大小之间的关系，并研究了棘周围血管的模式后，人们并未找到多少能支持这一假设的证据。更重要的是，这种解释是基于"合弓纲动物都是冷血动物"这一观点而做出的。

研究人员对异齿龙等拥有背帆的动物的骨骼进行了分析，发现它们的新陈代谢可能比之前认为的要快，有些异齿龙甚至可能在夜间活动。这意味着它们不像现今的冷血动物那样需要通过晒太阳来调节体温。

最近，科学家又提出了一种观点，他们认为这些动物的背帆在性选择中发挥着作用，就像雄鹿和公山羊的角一样。背帆的存在可能会让这些动物在竞争对手面前显得更高大，或者其鲜艳的颜色能够吸引异性。科学家们争论了一个多世纪，至今不能确定异齿龙为什么拥有长长的背棘，这些棘使它成为地球上已灭绝生物的永恒标志之一。

笠头螈——神秘两栖动物的起源

在二叠纪，笠头螈的身体在河流中浮浮沉沉是一个很常见的景象。当似哺乳爬行动物和爬行动物占据了广阔的陆地时，像笠头螈这样的两栖动物仍在淡水水域周围繁衍。笠头螈的头骨呈独特的回旋镖形状，非常适合在湍急的溪流中游动，笠头螈也因此成为一个迅捷的捕食者。笠头螈会从河床上抬起身体，捕食路过的鱼类和无脊椎动物。这种动物为我们寻找现代两栖动物起源提供了线索，现代两栖动物在生态系统中扮演着同样的角色。不过，笠头螈的系统发育地位至今仍然是一个谜，吸引着科学家努力破解。

笠头螈是一种头部怪异、体型和水獭相似的动物，生活在从 3.06 亿年前到 2.55 亿年前的二叠纪时期。它看起来像两栖动物，属于壳椎亚纲，壳椎亚纲动物生活在石炭纪和二叠纪。笠头螈有一条长长的尾巴和宽大扁平的身体，最不寻常的是它的头部，其形状像一个回旋镖，上面有两只小眼睛。笠头螈的化石分布在现今的北美洲和非洲。它身长 1 米，是体型最大的壳椎亚纲动物之一，虽然是半水生动物，但大部分时间生活在水中，类似于现代的蝾螈。

笠头螈的头骨有些奇怪，由两个从面部向后伸出的"角"构成。对于它的头部为何会呈 V 字形，人们提出了许多理论，其中最有说服力的观点是，这种形状符合流体动力学，使动物能够控制自己在湍急的水中的浮沉。这表明笠头螈在应对湍急的水流方面是一位专家，它能够迅速地从河床上抬起身体，抓住水流中的猎物。它虽然在水中捕食，但也会在软泥中打洞并夏眠。由于在休眠期动物的身体机能下降，它们得以顺利度过炎热和干燥的季节。在肉食性合弓纲动物异齿龙脱落的牙齿旁边，人们发现了被吃掉一半的笠头螈的化石，以及其他类似两栖动物肢体的化石，这表明笠头螈是二叠纪时期的大型食肉动物的重要食物来源。

右图注：水栖笠头螈是众多为两栖动物的起源提供线索的动物之一。

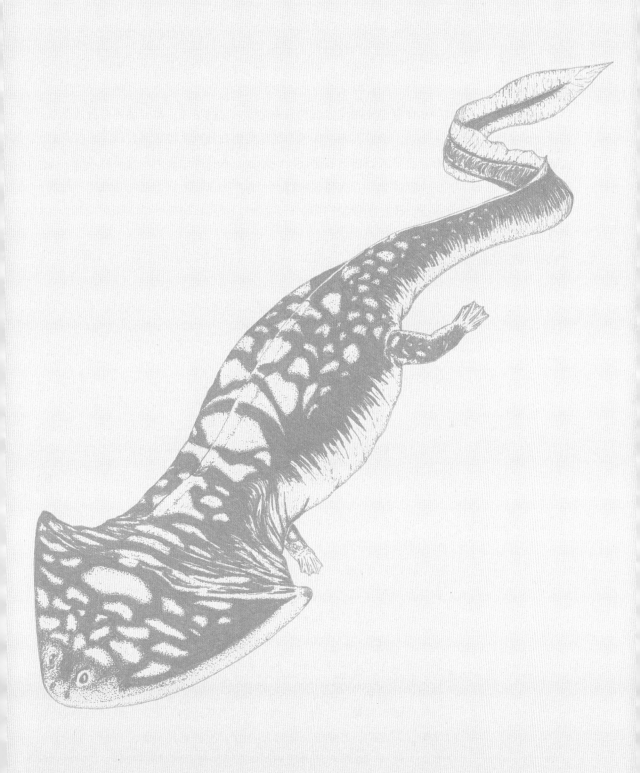

二叠纪	2.99 亿～2.52 亿年前

　　当人们对哺乳动物和爬行动物的进化给予了大量关注时，可能会忽略还有许多四足动物生活在古老的地球上。如今，蝾螈等动物在生态系统中扮演的角色与笠头螈类似，它们与其他四足动物一起生活在河流和溪流中，以鱼类和无脊椎动物为食。虽然早在 200 多年前人们就发现了两栖动物的化石，但对它们的早期进化史一直了解不多。通过研究像笠头螈这样的动物，研究人员或许可以揭开两栖动物的神秘面纱，并解释地球生命的这一重要组成部分是如何出现的。

两栖动物的起源　　乍一看，笠头螈很像现代的大鲵。大鲵是两栖动物，生活在中国、日本和北美洲国家的河流中，其中一些的体长超过了成年人的身高。不过，笠头螈和现存两栖动物群体之间的亲缘关系有些令人费解。

　　如今，世界上有多达 8 000 种两栖动物，其中包括青蛙、蝾螈和蚓螈（一种蠕虫状的穴居动物）。从这些动物的 DNA 可知，它们共同的祖先可以追溯到石炭纪，但它们的距今最古老的化石都来自三叠纪。笠头螈等壳椎类动物与另一个名为离片椎类动物生活在一起，它们都被称为两栖动物，对于哪一个类群（如果真实存在的话）才是现今的两栖动物的祖先，学术界尚存在争议。

生态指标　　在现存的四足动物中，两栖动物之所以与众不同，是因为它们拥有一些独有的特征。它们是非羊膜动物，所以它们产下的卵的结构很简单，没有坚硬的外壳，通常依靠淡水进行繁殖，不过也有例外，少数几个两栖动物在咸水环境中繁殖。它们的幼体会经历彻底的蜕变，从水栖幼体变态为可以直接呼吸空气的成体。有些两栖动物采用了不完全变态的方式，成体仍然生活在水中，并保留了鳃，钝口螈属的美西螈就是其中的典型代表。大多数两栖动物具有肺，也可以通过富含黏液的皮肤来呼吸。有些两栖动物没有肺，完全依靠皮肤进行呼吸。有些两栖动物是有毒的。虽然一提到两栖动物我们就会联想到池塘和溪流，但它们已经适应了缺水的环境，有些两栖动物可以跃出很远的距离、爬树，甚至利用蹼状足在相距甚远的树枝之间移动。

独特的生理机能使两栖动物对环境变化特别敏感。基于这一点，它们被视为"生态指标"，这意味着它们的存在为生态系统或栖息地环境适宜与否提供了参考。两栖动物具有半透性皮肤，其繁殖和生长通常离不开淡水，所以环境污染和栖息地丧失，以及其他物种的移除或引入导致的食物网的变化都会对它们产生影响。由于它们通常是大型动物的猎物，它们的消失会对生态系统的正常运作产生根本性的影响。

致命的真菌 近年来，一种名为蛙壶菌的传染性真菌对两栖动物造成了毁灭性影响。这种真菌已经影响了全世界超过 1/3 的两栖动物类群。动物一旦感染了蛙壶菌，皮肤就会变厚，呼吸能力随之下降，经常精神不佳，行动也变得迟缓，因而很难逃脱捕食者的捕杀。

目前，我们尚不清楚这种真菌的来源，而它正通过两栖动物的国际贸易广泛传播。经由贸易，两栖动物或成为人类的宠物，或进入水族馆，或用于研究。此外，气候变化也在一定程度上加速了这种真菌的传播。在某些地区，蛙壶菌的致死率高达 100%，摧毁了生态系统的一个关键组成部分。研究人员认为，目前两栖动物的灭绝速度正在加快，甚至可能比自然状态下快 4.5 万倍。在地质时期的多次生物大灭绝中，两栖动物都得以幸存，而人类很可能是这一古老支系所面临的最大威胁。

针叶树——极其坚韧的树

　　针叶树塑造了现今地球上的部分林地。在二叠纪，它们得益于刚形成的超大陆上的干燥气候，逐渐变得多样化。在二叠纪末期的那场大灭绝之后，它们迅速占据生态环境，成为地球上最重要的一类植物。从恐龙的食物到神话中不朽的象征，再到现今的商用木材，针叶树是地球生命故事中不可或缺的一部分。

　　现今地球上最大的单一生物群落之一是泰加林，亦称北方森林。从北欧到亚洲，再到北美洲，泰加林为北半球的大部分地区覆盖了一层深绿色的毛毡。这些森林以针叶树为主，这种会结球果的植物塑造了地球上的大部分林地。虽然针叶树是现在地球生态环境的重要组成部分，但它们的祖先在大约 3 亿年前的石炭纪晚期才出现。到了二叠纪，它们蓬勃发展起来，并在中生代成为许多植食性恐龙的主要食物来源。早期的针叶树的化石很稀少，主要是化石碎片和孢粉化石。

　　大部分针叶树是乔木，只有一小部分属于灌木。它们包括现在世界上最高的树，通常有长长的针叶或带状的叶子，还有扁平的鳞片状表皮。柏树、冷杉、杜松、贝壳杉、落叶松、云杉、红杉和紫杉都属于针叶树，几乎每个大陆上都有它们的身影。针叶树的基因组是地球上所有生物中最大的基因组之一，其种类超过了 650 种，虽然不是最多样的植物类型，但它们覆盖了大片的土地。对地球上的所有生命来说，针叶树至关重要。它们的生长是最大的碳汇之一，在我们对抗人为原因引起的气候变化的斗争中，它们发挥了重要作用。在木制品生产方面，针叶树具有巨大的经济价值，世界上几乎一半的木材都来自针叶树。它们也是肥皂、香水、指甲油和口香糖等产品的重要原材料。此外，它们的树枝还融入了世界各地的人类文化遗产，比如在 5 000 年前就被制成长弓，以及一直与某些冬季节日联系在一起，象征着人类在艰难时期的坚忍不拔等美好品质。

右图注：针叶树种类繁多，包括地球上现存最古老的树。

针叶树属于裸子植物（gymnosperm），在希腊语中意为"裸露的种子"。这类植物包括苏铁、银杏、买麻藤和松树，这些植物的种子都长在鳞片状树皮、叶子的表面或球果中，而不是像被子植物（开花植物）的种子那样被包裹在子房中。诸如本内苏铁目植物等已经灭绝的裸子植物在恐龙时代大量存在。

针叶树是迄今为止地球上最常见的裸子植物之一，银杏等少量幸存的物种则需要面对不确定的未来。

在极端环境中生存　通过进化出可以借助风传播的孢粉和由球果保护的种子，针叶树对干燥气候的承受能力远比早期森林中的大多数树种强。在古生代后期，随着气候的变化，针叶树和其他会结种子的裸子植物获得了生存优势，很快就占领了大片陆地。

在二叠纪末期，有史以来最大规模的大灭绝给地球上的生命带来了沉重打击。在那之后，针叶树复苏并不断繁衍。最早的松树化石形成于三叠纪晚期，之后的化石记录中出现了大量针叶树。随着新型植物的进化，针叶树在白垩纪末期逐渐减少，但它们仍然是地球生态系统中不可或缺的一部分。

针叶树通常生长在高纬度地区和高海拔地区，它们在极端环境中无比坚忍。为了适应寒冷的环境，许多针叶树发展出了特殊的技能，例如，令树枝下垂避免积雪。

在高纬度地区，针叶树的叶子通常呈深绿色，比其他树种的叶子颜色深，这是因为它们的叶子充满了能进行光合作用的叶绿素，可以最大程度地从较弱、较少的阳光中吸收能量。在阳光充足的地方，针叶树的叶子通常泛着银色的光泽，这能保护它们免受紫外线的伤害。这些特征使针叶树在大灭绝中成为幸存者。

二叠纪	2.99 亿～2.52 亿年前

圣诞树之歌　　　针叶树令人印象最深刻的特征之一就是其分泌的树脂带有浓郁的香味。这种物质通常是在树木受伤时分泌的，有助于保护它们免受昆虫和真菌的侵扰。有些树脂的气味还会吸引其他无脊椎动物，后者会吃掉攻击植物的生物。树脂不仅可以用于医学和化妆品类产品的制作，其化石还会形成珍贵的琥珀，最早在 1.3 万年前就被用来制作珠宝。圣诞树也由针叶树制成。

到了冬天，当其他植物枯萎或变得黯淡无光时，针叶树仍然保持绿色，这让它们成为坚强忍耐和永生的象征。

THE EARTH

03
中生代

中生代包括了三叠纪、侏罗纪和白垩纪，它们可能是地质史上最著名的三个时期。中生代从 2.52 亿年前持续到 6 600 万年前，以一场生物大灭绝开始，又以另一场生物大灭绝结束，彻底改变了地球上的物种构成。中生代有许多名称，其中之一是"爬行动物时代"，因为在长达 1.86 亿年的中生代，爬行动物在天空中、海洋里和陆地上蓬勃发展，促使地球上出现了有史以来最大的爬行动物。尽管中生代对我们来说显得不可思议，但它预示着现代生态系统的诞生。在这一时期，地球上的大陆呈现出了可识别的轮廓，如今与我们共享这个世界的各个生物类群也陆续登场。

其实，中生代是从灰烬中诞生的。在古生代末期，一系列大规模的火山爆发摧毁了土地，污染了天空和海洋，致使全球物种大灭绝，多达 85% 的生物消亡了。海洋中的生物面临着海水酸化和缺氧的环境问题，三叶虫和板足鲎（海蝎子）等极富魅力的生物永远消失了。在陆地上，自四足动物从水中登陆后，似哺乳爬行动物数量锐减。整个世界从一个极端迈向另一个极端，酸雨和核冬天让生命陷入了困境。

这种大规模的破坏也催生了新的机会。一些生命力顽强且聪明能干的动物抓住了这个机会，在几乎一片空白的世界上繁衍。生态系统随之慢慢恢复。作为四足动物的一个分支，爬行动物主宰了地球。"恐龙时代"的序幕缓缓拉开。这些动物包括巨大的植食性动物，后者的体型令之前和之后出现的几乎所有植食性生物都相形见绌。此外，它们中还有牙齿像雕刻刀一样的食肉动物，以及长着羽毛的小型动物，即鸟类的祖先。在 18 世纪和 19 世纪令欧洲科学家忍不住惊叹之前，它们骨骼的化石就出现在亚洲和美洲的民间传说中。爬行动物在中生代大放异彩，其他改变了世界的物种也在这一时期出现。现生哺乳动物的共同祖先出现了，与其一同出现的还有鳄类和一些两栖动物。白垩纪陆地革命（Cretaceous Terrestrial Revolution）期间，最早的开花植物登场，这类植物改变了地球生命的发展历程。昆虫中，甲虫突然变得多样化，蝴蝶、蚂蚁和蜜蜂的祖先也出现在这一时期。

与此同时，盘古大陆这个超大陆像一个掉落在地的餐盘一样四分五裂，形成了现代地理的初貌。海平面的上升和下降创造了新的海岸线并改变了气候。在白垩纪温暖的海水中，海洋浮游生物的遗骸如雨点般落在浅浅的海床上，形成了数百米深的冰山状白垩层。在中生代末期，地球遭到一颗小行星撞击，生命之网再次失去平衡。这次致命的撞击翻开了生命史的新篇章，迎来了一个"哺乳动物时代"。

三叠纪

2.52亿～2.01亿年前，中生代海洋革命爆发，多种爬行动物从陆地返回海洋中生活。

海平面普遍较低。

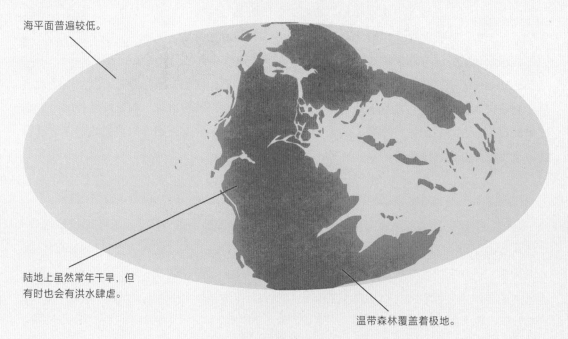

陆地上虽然常年干旱，但有时也会有洪水肆虐。

温带森林覆盖着极地。

侏罗纪

2.01亿～1.45亿年前，恐龙、哺乳动物、昆虫等生物在陆地上繁衍生息。

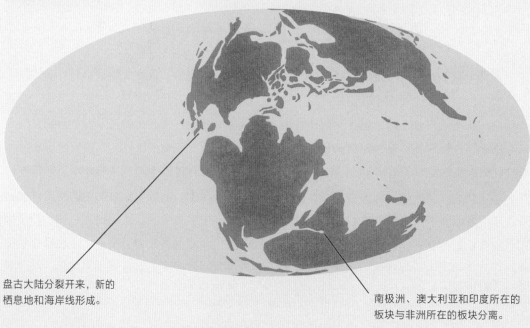

盘古大陆分裂开来，新的栖息地和海岸线形成。

南极洲、澳大利亚和印度所在的板块与非洲所在的板块分离。

早白垩世

1.45亿～1亿年前，由开花植物的出现引发的白垩纪陆地革命拉开了序幕。

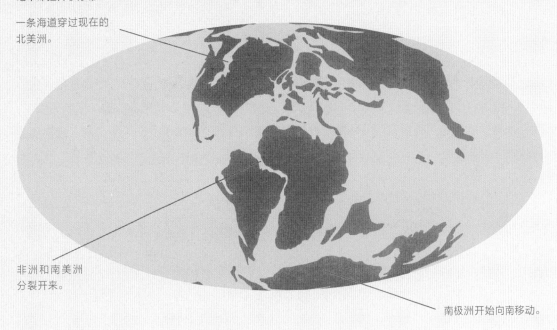

一条海道穿过现在的北美洲。

非洲和南美洲分裂开来。

南极洲开始向南移动。

晚白垩世

1亿～6 600万年前，当时的海平面比现在高110多米。

欧洲、美洲和非洲的大片陆地当时仍在浅海之下。

小行星撞击现在的尤卡坦半岛，致使非鸟恐龙灭绝。

茂密的森林覆盖了南极洲。

三叠纪

短暂而古怪的三叠纪始于有史以来最大规模的生物大灭绝之后。这是一个恢复和创新的时期。动物和植物再次变得多样化，它们探索了新的生存方式。在陆地上、海洋里和天空中，爬行动物中的恐龙、海洋爬行动物和翼龙逐渐出现。在它们的脚下，整个地球从土壤到构造板块都发生着改变。

三叠纪始于 2.52 亿年前，仅持续了 5 100 万年。这一时期虽然短暂，却极具创造力，使爬行动物在进化史中占据了中心位置。盘古大陆这个超大陆依然存在，内陆地区夏季炎热冬季寒冷，沿海地区则遭受着季风的侵袭。从三叠纪的岩石形态和位置可知，这一时期降雨量大增，大量的土壤和岩石被冲走。虽然海平面普遍较低，但在降雨过多的时期，相比今天仍高出了 50 米。温带森林覆盖了两极，森林中包括针叶树和本内苏铁目植物。本内苏铁目的植物类似棕榈树，长着细长的叶子，曾是整个中生代最常见的植物，现在已经灭绝。

古生代时发展起来的丰富多彩的生命世界在三叠纪伊始几乎毁灭。位于现今西伯利亚的火山喷发出数百万吨的熔岩和有毒气体，吞噬了一片面积相当于澳大利亚的地区。比熔岩更具破坏性的是排放到大气中的气体。二氧化碳将地球变成了一个令人窒息的温室。硫与水滴结合后形成了"燃烧"的

酸雨，不仅杀死了大量植物，还使河流和海洋酸化。地球上 70%～80% 的动物都灭绝了。生态系统花了 2 000 万年的时间才得以恢复。

三叠纪的生命复苏模式有助于我们理解当前物种灭绝危机带来的影响。当时并非所有生物都瞬间消失了，有些生物熬过了最艰难的时期，却在几百万年后逐渐走向灭绝。这说明引发大灭绝的事件出现和有些生物消失，两者之间存在时间差。有些生物能在极短的时间内繁荣起来，又在漫长的岁月里逐渐消失，这就是所谓的"灾难类群"。在这些生物中，最著名的是一种被称为水龙兽的植食性动物，它是似哺乳爬行动物，外形酷似猪。在生命史上，这是唯一一次单个物种主宰了整个大陆。

随着整个世界逐渐恢复生机，针叶树、蕨类植物和本内苏铁目的植物构成了新的森林。诸如水龙兽这样的动物灭绝后，新的生

物占据了空白的生态位。新的动物种类相当丰富，其中包括第一批海洋爬行动物、恐龙、哺乳动物和现代鱼类。翼龙也出现了，它是地球历史上第一种具备飞行能力的四足动物。中生代通常被视为一个令人难以置信的实验时期，实验对象正是这些新的生物。这些生物将中生代变成了专属于它们的时代。

海洋革命

在三叠纪，海面之下也发生了一场革命。在中生代海洋革命中，新的生物类群出现了。新型珊瑚为第一批现代鱼类提供了庇护，这些鱼类现在构成了脊椎动物中种类最多的一个类群。出人意料的是，四足动物也利用了三叠纪时海洋中的丰富资源。四足动物回到了海洋，最初是作为游客，最终变成了永久居民。为了适应海洋生活，这些习惯了呼吸空气的动物对自己进行了全身改造，比如四肢变成了鳍状肢，繁殖方式也转变为卵胎生。

自生命诞生以来，动物们就一直相互捕食，在三叠纪之后，有壳动物的数量有所增加。过去，无脊椎动物在遇到危险时大多通过缩进壳里免受伤害，现在它们却成了海洋爬行动物的猎物，因为这些爬行动物进化出了坚硬扁平的牙齿和强壮的下颚，可以破开无脊椎动物的壳。那些定居在海床上或很少移动的动物也极易成为猎物，其中包括海百合（海胆的亲属）和海星。为了应对捕食者，一些有壳动物进化出了盔甲（比如浑身长满尖刺），或者变得越来越灵活以躲避捕食者的攻击。

三叠纪末期的物种更替

在三叠纪末期，许多物种灭绝了，新的物种也出现了。这一时期发生了一次大事件，即"卡尼期洪积事件"（Carnian Pluvial Episode）。这次事件在岩石中留下了大量沉积物，这些沉积物被水流裹挟着奔向大海，其碎屑填满了山谷和三角洲。此时的气候变化是突然发生的，随后又迅速逆转，这与多个动物类群的进化有关，比如恐龙和小型爬行动物，后者包括蜥蜴和蛇的祖先。

在三叠纪的前 5 000 万年里，鳄鱼的祖先比恐龙更具优势。这些鳄鱼长得比汽车还长，靠长而有力的腿直立行走，有些甚至是两足行走动物。然而，它们的统治并没有持续多久，新一轮的火山爆发为恐龙扫清了道路，在接下来的 1.5 亿年里，恐龙接管了陆地并繁荣了起来。

与此同时，哺乳动物的祖先发现了一个全新的生态位。它们进化出了皮毛，能产奶，还适应了在夜间捕食昆虫，这为它们在地球历史后期表现出惊人的多样性奠定了基础。在三叠纪末期，它们也经历了新生，随后与巨型爬行动物一起迈向全新的未来。

叉鳞鱼——真骨鱼的起源

　　鱼类是人类在世界上最重要的食物来源之一。虽然早在泥盆纪时就有它们的身影，但今天生活在大海内、河流中、湖泊里的大多数鱼类到了三叠纪才出现。叉鳞鱼是最早的现代鱼类之一，它有一个独特的上下颌结构，这使它能够利用吸力迅速咬住猎物。正是基于这一点，鱼类才成为现今地球上最多样的脊椎动物群体。

　　三叠纪的温暖海洋中生活着一种极为重要的鱼类，即叉鳞鱼。这种鱼看起来像鲱鱼，体长也和鲱鱼差不多，比人的前臂长不了多少。它的身体上有着闪闪发光的鳞片，尾巴基部很窄，延伸出两片对称的尖尖的鳍。这种在 2 亿多年前很常见的古老鱼类似乎与之前的鱼类没什么区别，不过，与生活在水中的早期有鳞动物不同，叉鳞鱼属于一个充满活力的新类群，这个类群将成为地球上最成功、最独特的脊椎动物——真骨鱼。

　　叉鳞鱼的特征揭示了它在真骨鱼家族中的基干地位，所以它对我们理解现生鱼类的进化、辐射历史和多样化至关重要。当时它那美丽的鳞片在现今的非洲、欧洲和南美洲海岸附近的海域里闪耀，并在化石记录中继续闪闪发光。许多叉鳞鱼的标本目前仍非常完好，它们好像随时有可能游走。

　　在所有现生鱼类中，真骨鱼所占的比例高达 96%，几乎所有水生环境中都有它们的身影。即使在极端条件下，如高温高盐的沙漠湖泊和寒冷孤立的洞穴池，它们也能生存。有些真骨鱼是洄游性的，其洄游的距离远到令人难以置信，比如鳗鱼会在大西洋中游超过 6 000 千米去产卵。真骨鱼是全球水生生态系统的重要组成部分，并且每年为 30 多亿人提供食物。

右图注：叉鳞鱼是最早的真骨鱼，现今的大多数鱼类都属于真骨鱼群体。

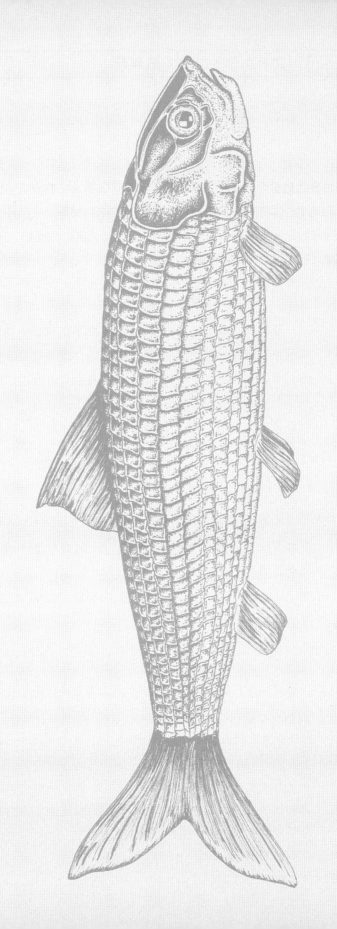

斑马鱼对生命科学发展至关重要。人们不仅将斑马鱼当作了解脊椎动物的模式生物，还常常通过它来研究动物发育、常见疾病和基因表达机制，并将其用于新药物的研发和测试。在 20 世纪 70 年代，这个不起眼的物种是第一批被克隆的脊椎动物。

突出的颌

从回形针大小的鱼到巨大的翻车鱼，现今的地球上生活着 2.6 万多种真骨鱼。翻车鱼比 15 个成年男子还重，是地球上最重的真骨鱼。

真骨鱼与其他鱼类的区别在于其颌的结构。真骨鱼颌的前部可以向前伸出，抓住猎物并将其送到嘴里，就像自助餐桌上的一只不停伸出的手。这种突然伸出的动作还能产生吸力，有助于真骨鱼将猎物拉向自己。这种结构提升了真骨鱼获取食物的速度，使它们成为强大的捕食者。随着中生代海洋革命的加速，这个新的类群已经做好利用每一个新机会的准备。

大多数真骨鱼都有色觉，有些真骨鱼还能感觉到周围水流中的化学"味道"，或者通过一个名为侧线的器官感知水压和振动，而侧线贯穿真骨鱼全身。它们是冷血动物，不过也有一些新陈代谢快的物种，比如剑鱼和金枪鱼。

真骨鱼的繁殖策略非常多。它们的性别有时是由环境决定的，在小丑鱼等物种中，当繁殖群中占主导地位的雄性死亡时，某些个体就会改变自己的性别。虽然大多数真骨鱼会产卵并在体外受精，但也有一些会保留它们的卵，诸如淡水龙鱼等物种则会把幼鱼放在嘴里以保护它们。当幼鱼准备离开时，那个突出的颌会反向工作，将它们弹入水中，让它们去危险的深水里闯荡。

钓鱼去吧！

真骨鱼遍布地球上的海洋和水道，在全球渔业捕获量中占据着极高的比例。人们每年捕捞或养殖的真骨鱼超过 9 600 万吨，对 30 多亿人来说，它们是重要的蛋白质来源。

尽管真骨鱼种类繁多，但在过去的几个世纪里，它们的数量急剧下降。人类过度捕捞以及误捕的行为使鱼类的数量不断减少。过去，世界各地数百个小渔村和城镇的人靠浅滩中的鱼类为生；如今，巨大的工业渔船破坏了这些浅滩。拖网渔船撕裂了海床，摧毁了鱼类产卵和孵化的场所，阻碍了海洋生物多样性的恢复。气候变化和环境污染也对鱼类产生了严重影响，尤其是在海岸线和内陆水域。

目前，人类正在采取行动来阻止鱼类数量的减少，建立海洋保护区和改变捕鱼方式是解决这一问题的有效措施。虽然有些海域出现了一丝恢复的迹象，但地球上鱼类的总量仍在持续下降。现在，过度捕捞危机已经成为人类面临的严重威胁。

歌津鱼龙——重回大海

在三叠纪早期，日本还是海洋的一部分，歌津鱼龙在海中游动着。这是一种和海豚一样大且以鱼为食的生物。在进化过程中，有些爬行动物来了个 180 度大转变，从陆地返回海洋，并且此后再也没有离开过，歌津鱼龙的祖先就是其中之一。为了适应海洋生活，它们从里到外都发生了变化，比如四肢萎缩、尾巴变扁。它们的化石改变了人类对过去的认识。

在三叠纪，日本还处于温暖的海水之下。一些看起来像海豚的生物在菊石和鱼群中游动，它们是海洋爬行动物中第一个取得巨大成功的类群。人们以歌津町（Utatsu-cho）为这种生物命名，称之为歌津鱼龙。作为鱼龙的祖先，歌津鱼龙全长约 3 米，体表光滑，头部很长，细长的吻部可以用来捕鱼，还有 4 个粗壮的鳍状肢。与后来出现的鱼龙不同的是，歌津鱼龙有一条类似鳗鱼的尾巴。鱼龙是众多以中生代海洋为家的海洋爬行动物中的一种。

在欧洲的中生代地层里发现的首批脊椎动物化石中，海洋爬行动物的化石占据了一席之地。在英国莱姆里吉斯（Lyme Regis）的海滩上，玛丽·安宁（Mary Anning）最早发现了海洋爬行动物的化石。由于发现了如此多的海洋爬行动物化石，自然学家认为，在"爬行动物时代"，世界上的大部分地方都被水淹没了。随着认识的提高，人们很快意识到，海洋动物之所以被认为如此繁盛，多与人们看到的是形成于海底的地层有关，而不是源于过去地球上丰富多彩的生命。

人们经常将海洋爬行动物与恐龙混为一谈，其实两者属于完全独立的支系，它们的共同祖先可以追溯到二叠纪。在中生代，一些爬行动物适应了海洋生活，比如拥有 4 个鳍状肢、长脖子和小脑袋的蛇颈龙，身体强壮的沧龙，海生鳄鱼的亲属海鳄，以及长着怪异鸭嘴的胡佩苏奇亚（hupesuchians）。它们的起源至今仍然是一个谜，因为它们的祖先适应得太快，留下的化石又太少。

右图注：这是一幅 19 世纪的蛇颈龙（后）和鱼龙（前）的旧版画，反映了长期以来人类对古代海洋爬行动物的喜爱。

人们曾经认为这些海洋爬行动物会产卵，也许会像今天的海龟一样拖着自己笨重的身体到海滩上产下一窝卵。现在我们已经知道，它们是卵胎生动物，与海豚不同，这彻底切断了后代与它们的祖先曾经漫步的陆地之间的联系。一些鱼龙化石保存了鱼龙子宫内或产道内的胚胎。与鲸鱼和海豚不同的是，鱼龙一次会生下大量幼崽，一块狭翼鱼龙的化石中就保存了 11 个鱼龙胚胎化石。

重返海洋　动物从陆地回到海洋的过程会重塑它们的身体。这个过程在不同的类群中多次发生，包括爬行动物和 2 亿多年后的哺乳动物。最早从陆地回到水中的爬行动物出现在二叠纪，到了三叠纪，更多的爬行动物效仿。它们从生活在岸边的类似蜥蜴的小型生物进化为长达 20 米的海洋怪物，后者只比蓝鲸略短。我们在海洋爬行动物身上看到的许多变化在化石记录中都有记载，后来在鲸鱼和海豚的进化过程中也得到了印证。它们的四肢缩短，逐渐变成桨状，或者完全消失。它们的身体开始呈流线型，以减少阻力，提高游动速度。鱼龙等海洋爬行动物的尾巴是扁平的，可以推动身体前进。

海洋爬行动物的变化不仅表现在外部特征上，也体现在内部构造上。现今的一些海洋哺乳动物每呼吸一次就能在水下停留 2 个小时，因为氧气不仅被它们吸入肺部，还储存在肌肉和其他组织中，从而为它们潜入更深的地方待更长的时间提供支持。海洋爬行动物可能也是如此，它们与表亲恐龙和翼龙可能都是恒温动物（内温动物）。在地球生命史上，深潜鱼龙的眼睛与体重之比是最大的，它的眼睛有餐盘那么大，这使其非常适合在黑暗的深海捕猎。减压病是这些动物面临的一大难题，现代的鲸鱼也不例外。当它们过快地浮到水面时，体内会形成气泡，进而引发减压病。海洋爬行动物的化石是减压病存在的证据，由于骨细胞受损和死亡，患减压病的动物骨骼上会留下凹痕。

湖中的水怪   海洋爬行动物在现代不仅以化石的形式存在，还存在于神话故事和人类的想象中。有关湖泊和海洋中的怪物的传说源于恐龙时代那些孤独的幸存者，这些传说出现时，人们还不了解海洋爬行动物，所以将它们视为怪物或神话中的野兽。

随着相关的化石不断被发现，这些水怪被重新归类为中生代海洋爬行动物的后代，通常是有着长脖子和小脑袋的蛇颈龙。这样的水怪有很多，包括加拿大欧肯纳根湖的奥古普古（Ogopogo）和东南亚的帕亚娜迦（Phaya Naga）。最著名的也许是尼斯湖水怪（Loch Ness Monster），"loch"在苏格兰和爱尔兰的本土语言盖尔语（Gaelic）中是"湖"的意思。尼斯湖水怪首次被提及是在 6 世纪，到了 20 世纪 30 年代，当一种潜伏在水中的长颈动物的照片出现时，关于尼斯湖水怪的传说开始流行起来。人们对尼斯湖进行了无数次搜索，并没有找到确凿的证据来证明那里生活着一种奇怪的动物。

虽然我们喜欢把这些生物想象成中生代海洋爬行动物的后代，但事实证明这种可能性微乎其微。没有化石表明海洋爬行动物在 6 600 万年前的大灭绝中幸存下来。一个物种延续到今天需要几百万代的努力，所以它们的存在是很难被忽视的。

从地质特征来看，这些传说中的水怪所生活的湖泊形成的时间并不长，例如，尼斯湖形成于最后一个冰期，这个冰期在 10 500 年前才结束。显然，这些传说缺少科学依据，但是否仍会流传下去，还不得而知。

波斯特鳄——鳄鱼的起源

波斯特鳄是一种体积比老虎还大的鳄鱼，它是古代鳄鱼的表亲，在三叠纪时期的地球上游荡了 2 000 多万年。它身披盔甲，看起来像坦克，擅于突袭猎物，属于众多最初在竞争中打败恐龙的动物。波斯特鳄所属的谱系不断进化，促使现代的鳄科、短吻鳄科和长吻鳄科的祖先出现，这是曾经繁盛一时的大家族中唯一幸存下来的物种。

波斯特鳄是一种古老的爬行动物，生活在 2.22 亿～2.02 亿年前的北美大陆。它有一辆汽车那么长，巨大的头骨上长着锯齿状的牙齿。从其强壮的后肢和较小的前肢来看，它可能是用两条腿走路的。虽然乍看上去这种可怕的动物很像捕食性恐龙，但它与现代鳄鱼的关系更密切，属于一个被称为劳氏鳄的类群。三叠纪时陆地上最大的食肉动物就属于这个类群，它们的化石散落在北半球、南美洲和南非。

波斯特鳄化石被发现的地方曾经属于温暖的热带，那里生长着茂盛的蕨类植物。波斯特鳄虽然体型巨大，但并不是三叠纪时其所属类群中最大的物种。有的波斯特鳄体长 6 米，靠强壮且直立的腿站立，而不是像今天的鳄鱼那样匍匐在地。波斯特鳄是移动速度极快的捕食者，以其他脊椎动物为食。在三叠纪的大部分时间里，波斯特鳄是陆地上最成功的爬行动物之一。直到这一时期临近尾声时，它们才让位于正在崛起的恐龙。

虽然现生鳄鱼（更准确地说是鳄类）不如中生代全盛时期多样，但它们无疑是自然界中极为成功的一个类群。在经历了多次生物大灭绝之后，鳄类继续以短吻鳄、凯门鳄和食鱼鳄等形式存在，主要生活在热带地区的河道中。这些现代鳄鱼的共同祖先出现在大约 1.2 亿年前。

右图注：鳄鱼的表亲包括四肢修长的波斯特鳄，波斯特鳄擅长突袭猎物。波斯特鳄的骨骼和脚印的化石都是在三叠纪的地层中发现的。

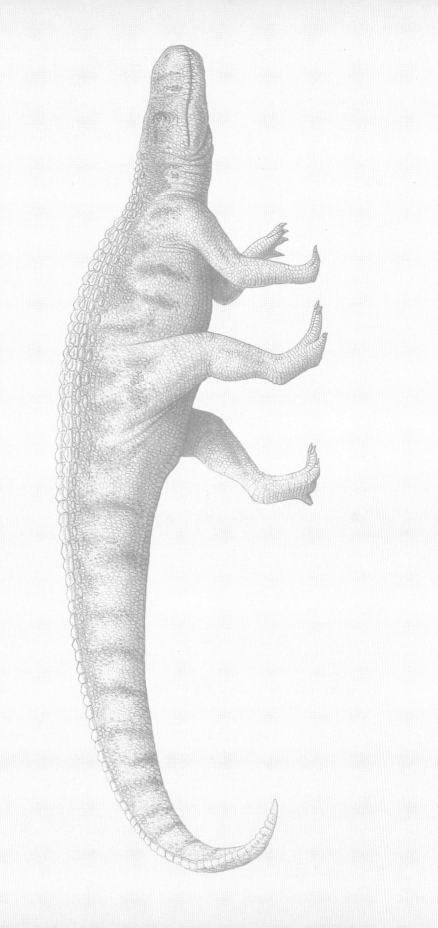

三叠纪	2.52 亿～2.01 亿年前

现生鳄鱼大多生活在淡水环境中，也可以在淡海水和海水中生存。它们的体型大小不一，侏儒凯门鳄的长度刚刚超过 1 米，巨大的咸水鳄的长度超过了 8 米。鳄鱼虽然是冷血动物（外温动物），但移动速度非常快。它们都是捕食者，经常一动不动地等待数小时、数天，甚至数月，等着猎物靠近自己，以便一击即中。

统治地球的
爬行动物

三叠纪时出现的爬行动物大致可以分为"镶嵌踝类"（包括波斯特鳄）和"鸟跖类"（包括恐龙）。诸如波斯特鳄这样的动物严格来说并不是鳄鱼，不过它与鳄鱼有着共同的祖先。

在中生代，镶嵌踝类的多样性令人惊叹，有巨大的顶级捕食者和食腐动物，也有比灰狗还小的哺乳类。有些是双足行走，有些则是四肢着地。有一些以植物为食，并用盔甲和比棒球棒还长的巨大防御性尖刺来武装自己。鸟跖类包括所有与鸟类而非鳄鱼关系更密切的动物，比如恐龙，以及最早具备飞行能力的脊椎动物翼龙。

镶嵌踝类和鸟跖类统称为"主龙类"，主龙类的英文"archosaur"的意思是"占据统治地位的爬行动物"。主龙类的成员之间的进化关系是古生物学的重要研究课题。主龙类不仅包括中生代时繁殖能力最强和最受人欢迎的古生物，还包括至今仍在世界各地繁衍生息的一些动物。

三叠纪时的
物种更替

在三叠纪末期，一场生物大灭绝波及古代鳄鱼的亲属。科学家认为，这场大灭绝是由盘古大陆中心的火山爆发引起的。与二叠纪末期的西伯利亚一样，火山周围的地区被长达数百千米的洪水熔岩吞没，这片地区包括现在的非洲北部、巴西和欧洲西部的部分地区。火山喷发改变了气候，破坏了食物网，进而导致世界各地物种的灭绝。

在这场浩劫中，镶嵌踝类只有一个支系幸存下来。随着主要竞争对手的灭绝，恐龙迅速崛起，侏罗纪时的所有大陆上遍布形态和大小

三叠纪	2.52 亿～2.01 亿年前

各异的恐龙。镶嵌踝类在侏罗纪和白垩纪仍然不断繁衍，进化出了与现生生物相似的半水生生物和海洋生物。

直到很久以后，这些群体才被大自然筛选出来，进化出现在潜伏在河流和水坑中的少数爬行动物，后者会将毫无防备的猎物拖向死亡的深渊。

蚯蚓——土壤工程师

蚯蚓扮演着地下工程师的角色。由于它们柔软的身体很少变成化石，我们很难追溯它们漫长的生命史，不过，遗传学家正在研究它们进化的秘密。随着盘古大陆在三叠纪晚期解体，蚯蚓分成了两个主要的类群，从那时起，它们就在肥沃的土壤中工作。通过对土壤养分的循环利用，它们为几乎所有生态系统和现代农业的发展奠定了基础。

地球上可能没有哪种动物像伟大的蚯蚓那样不被重视。蚯蚓是环节动物的一种，这类动物还包括沙蚕和水蛭。有关蠕虫的化石记录很少，因为与具有坚硬骨骼的动物相比，它们柔软的身体很难保存下来。最古老的环节动物化石大约有 5.2 亿年的历史，目前人们还没有发现蚯蚓化石。事实证明，弄清这个生活在土壤中的物种是何时、何地以及如何进化极其困难，我们只知道不起眼的蚯蚓是在三叠纪晚期开始工作的。目前，地球上有 6 000 多种蚯蚓，它们是重要的陆地生态系统工程师。它们能够疏松土壤，把植物残落物从地表拖到洞穴深处，并为植物和动物提供养分。蚯蚓的出现提高了土壤的肥力，如果没有它们，整个世界很可能一片贫瘠。

小小的蚯蚓生活在土壤中，它们通常需要花费很长的时间才能到达新的栖息地。不过，全世界几乎所有地方都有它们的身影。通过分析蚯蚓的 DNA，科学家发现现生蚯蚓主要分为两大类，即常见于南半球的物种和常见于北半球的物种。这两个类群的分化可以追溯到盘古大陆开始解体之时，也即三叠纪晚期。这意味着现代蚯蚓与最早的恐龙几乎是在同一时间开始出现的。

右图注：不起眼的蚯蚓在处理土壤的过程中改变了整个生态系统，图中的蚯蚓属于正蚓。

这些不可思议的动物不仅仅是一根根湿软的管子。蚯蚓的身体是由节组成的，每个节都有自己的神经系统，并与整体连接在一起。它们通过湿润、敏感的皮肤进行呼吸，其循环系统和消化系统贯穿全身。

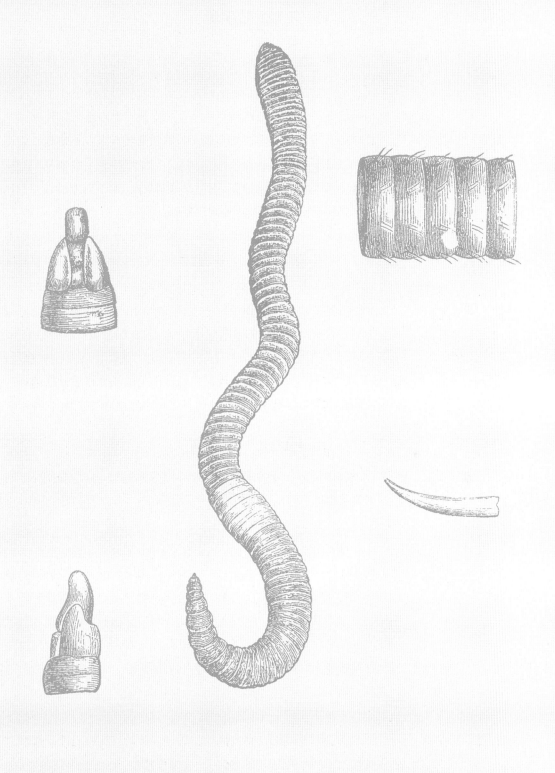

人类最温柔的触摸也会对蚯蚓造成损伤，因为人类的手指上易残留高浓度的盐分。它们虽然没有眼睛，但皮肤上的细胞可以探测到光线。蚯蚓是雌雄同体，同时拥有雄性和雌性的性器官。大多数蚯蚓可以在你的手掌上舒服地卷成一圈，有些微型蚯蚓只有 1 厘米长，而巨型蚯蚓则长达 3 米。蚯蚓是包括人类在内的多种动物的猎物。

在毛利文化中，一些蚯蚓是美味佳肴，被称为 noke。蚯蚓曾经是酋长才能享用的食物，现在作为一种野味正在流行。蚯蚓虽然看起来很不起眼，但有着古老的血统，在生物繁盛的地球上占据着重要地位。

扩散或隔离　　生物地理学主要研究生物的栖息地，以及它们是如何到达那里的。生物可以通过行走、游泳或爬行等方式从一个地方到达另一个地方，这个过程被称为扩散。种群因板块构造运动等因素被物理分割或分开则称为隔离。隔离是蚯蚓最终出现在各个大陆上的原因。

许多动物的系统发育可以用地理环境的变化来解释。当一条河流或一座山脉形成时，分界线两边的种群便不再交配。自然选择对不同群体的影响程度不同，所以新的物种很可能与它们的祖先截然不同。

动物到达新大陆的另一种方式是"漂流"，这听起来有点不可思议。其实，这是指大块的土壤被洪水或猛烈的风暴冲走，然后漂到海上。洋流把它们带到了新的海岸，它们就像救生筏一样，载着在旅途中幸存下来的所有生物。这就是某些动物到达孤岛的方式。有人建议用"漂流"来解释生活在土壤中的蚓蜥类动物的来源，蚓蜥是一种看起来很像蛇的无腿蜥蜴。有些动物还可以搭乘鸟类的脚到达新的地方，大多数时候是以未孵化的卵的形式。

生态系统工程师　　蚯蚓像小型一样搅动着土壤。动物这种搅动沉积物的过程被称为生物扰动。蚯蚓不是唯一从事这项工作的动物，虾和兔子等会搅动周围沉积物的动物都是生物扰动者，不过，由于蚯蚓遍布全球，它们可能是其中最重要的。在地球历史上，生物扰动者往往在海洋里和陆地上不断进化，并通过重塑食物网来彻底改变生态系统。

达尔文曾称赞蚯蚓，认为它们在创造肥沃的土壤方面发挥了重要作用。它们之所以被称为土壤工程师，是因为它们的存在会改善地球土壤本身的性质。它们将不同的沉积物混合起来，使土壤存有空隙，为空气和水的流通开辟了通道。它们掩埋古生物遗迹，随后又使之暴露在地表。蚯蚓对世界各地的农业至关重要。在南美洲，湿地和森林里的蚯蚓建造了高于水位的土丘，土丘会变成它们新的栖息地。当原始居民为了种植农作物而堆起类似的土丘时，蚯蚓会钻入其中，疏松土壤，使其变得更加肥沃。

蚯蚓虽然具有令人难以置信的重要性，但并没有得到人类的充分重视。许多能提高收成的土壤肥料会杀死蚯蚓，这种做法致使稀有的吉普斯兰大蚯蚓濒临灭绝，这种蚯蚓是一种 1 米长的巨型蚯蚓，仅存于澳大利亚。而若没有蚯蚓帮忙松土，长期下来，肥料会损害土地的健康。正是蚯蚓不断地工作，才使土地变得肥沃，适合种植农作物和放牧牲畜。据估计，地球上的每个人都从大约 700 万条蚯蚓的工作中获益。

侏罗纪

侏罗纪是史前的代名词。这一时期虽然是恐龙的天下，但也是多个动物类群历史上一个不可思议的时期。侏罗纪始于三叠纪末期的大灭绝，持续了 5 600 万年。随着盘古大陆的分裂，现代生态系统诞生了，巨大的爬行动物仍然在其中占据着霸主地位。

侏罗纪始于 2.01 亿年前，一直持续到白垩纪。在这一时期，劳亚和冈瓦纳这两个主要大陆继续分裂。海平面缓缓上升，新形成的海洋创造了数百千米的浅海和海岸栖息地，并改变了全球气候。在侏罗纪，大气中的二氧化碳含量非常高，所以陆地和海洋都很温暖。在海洋中，随着第一批钙质浮游生物的出现，海洋化学性质发生了根本性的变化。这些微小的浮游生物利用大气和海洋中的碳元素来构建自己的身体，从而使地球生物化学状态趋于稳定，并减少了环境变化对海洋世界的影响。

对众多动物群体来说，侏罗纪是一个不可思议的时代，出现了很多现生类群的远古代表。第一批真正的螃蟹出现了，它们生活在海洋和淡水中，并成为食物链的一员。得益于鱼类和海洋无脊椎动物（如箭石和菊石）多样性近乎爆炸性的增长，海洋爬行动物达到了其多样性的巅峰。在陆地上，针叶树成为全世界最主要的成林植物。它们的枝丫悬挂在下层植被上方，下层植物由蕨类植物和棕榈状本内苏铁目植物构成。在森林中，全新的恐龙物种蓬勃发展。随着镶嵌踝类爬行动物失去统治地位，恐龙占领了更广阔的栖息地并不断进化，其大小和形态的多样性令人难以置信。随后，庞大的恐龙家族形成了三个主要分支，即蜥脚类、鸟臀类和兽脚类。在兽脚类恐龙中，现生鸟类的祖先飞上了天空，进而成为现代生态系统的核心组成部分。

热闹的天空

在侏罗纪之前，进化出动力飞行这种能力的生物只有昆虫。自石炭纪以来，它们成群结队地在天空中飞翔，唯一的天敌是包括蜻蜓在内的体型较大的"亲属"。在三叠纪晚期，脊椎动物开始飞上天空捕食它们。翼龙是一种会飞的爬行动物，与恐龙有亲缘关系。翼龙最早出现在三叠纪晚期，到了侏罗纪，它们从在树丛中扑腾的小型钝头动物进化为生活在许多栖息地的物种，以小昆虫、鱼类、其他爬行动物和哺乳动物为食。

在侏罗纪后期，另一个爬行动物群体也进化出了飞行能力。一些长着羽毛的小型恐龙将前肢上的长羽毛展开，形成了翅膀。丰富的飞行昆虫可能吸引着翼龙和恐龙（以及后来的蝙蝠）等动物飞到空中觅食。在侏罗纪，最早的蝴蝶和甲虫也出现了，天空中更热闹了，大自然也变得五彩斑斓。地球上的生命总是复杂多样且令人惊叹，侏罗纪时的世界已经呈现出如同我们今天所看到的丰富多彩的模样。

物种大爆发

恐龙虽然是侏罗纪时最引人注目的动物，但远不是最重要的。在这一时期，第一批真正的哺乳动物、现生两栖动物的早期代表、蜥蜴和龟类也繁荣起来。它们中的一部分以新型昆虫为食，后者包括甲虫、象鼻虫、跳蚤、竹节虫和飞蛾。在研究生物体时，科学家会为它们绘制"家族树"，也就是系统发育树。系统发育树勾勒出了生物之间的进化关系，告诉我们哪些生物是关系密切的。在侏罗纪，新物种的突然出现冲破了生命的进化系统，像园艺耙子上的尖刺那样向外辐射。

长期以来，科学家一直在探究是什么引发了物种大爆发。自19世纪初以来，越来越多的化石被发现，但关于侏罗纪时期动物类群的起源仍有许多未解之谜。由于侏罗纪中期的地质情况太特殊，保存下来的化石非常少，所以这段时期一直是个谜。不过，地质学对侏罗纪时期的动物进化模式给出了一种解释。盘古大陆的分裂可能隔离了动物种群，让大自然以独特的方式改变它们。全新的栖息地和气候条件为动物带来了新的空间以及新的生活方式，它们可以在这里爬行、飞行和奔跑，同时也面临生存挑战。地球的历史一再表明，地球本身的活力与动植物的进化模式有着内在的联系。

古鳞蛾——最早的蝴蝶和飞蛾

在侏罗纪之前，昆虫已经展翅飞翔了数千万年，到了侏罗纪，最迷人的昆虫出现了。古鳞蛾只有蜜蜂大小，是蝴蝶和飞蛾的祖先，最早出现在侏罗纪。而蝴蝶是自然选择最美丽的产物，不仅构成了生态系统中的一个庞大类群，还为世界各地的艺术家和诗人提供了灵感。

古鳞蛾是一种生活在 1.9 亿年前的昆虫，其栖息地位于现在的英格兰南部。它的体长刚刚超过 1 厘米，我们一般通过它精致的翅膀了解它，因为正是翅膀的存在让这种微小的生物变得极为重要，它是已知最古老的蝴蝶（或飞蛾）。这些昆虫不仅让我们的世界变得更加美丽，还是传粉者和其他动物的食物来源。化石研究表明，蝴蝶和飞蛾经常使用的拟态和伪装是昆虫最早掌握的防御手段之一。

蝴蝶和飞蛾属于一个名为鳞翅目的群体。尽管鳞翅目是现今世界上最引人注目的昆虫群体之一，并生活在除南极洲以外的各类栖息地，但它们的化石记录很不完整。有关其 DNA 的研究表明，第一批鳞翅目昆虫是在三叠纪晚期开始进化的，由于它们死后很容易被撕裂并迅速分解，所以相关的化石很稀少。古鳞蛾是一个不可思议的稀有物种，它们的化石轻轻地躺在早侏罗世的泥土中。它们的翅膀上覆盖着微小的鳞片，这是所有鳞翅目动物的共同特征。在过去的几十年里，中国出土了新的蝴蝶化石和飞蛾化石，其中包括它们的整个身体、幼虫、茧的化石，以及幼虫吃过的叶子化石。

蝴蝶和植物之间的合作关系在大自然中很常见，花蜜中大量的糖分为这种昆虫提供了长时间飞行所需的能量，蝴蝶的飞行则有助于花粉的传播。目前，世界上有超过 18 万种飞蛾和蝴蝶，大多数都与开花植物关系密切。这种亲密的关系早在白垩纪就普遍存在，彼时开花植物刚刚出现。在侏罗纪，鳞翅目昆虫以植物为食，或用下颚摄取，或用虹吸式口器来吸食裸子植物分泌的含糖花粉。

右图注：天幕毛虫是现今地球上超过 16 万种飞蛾中的一种。

许多蝴蝶与开花植物协同进化了很长时间，在开花植物授粉的过程中扮演着至关重要的角色。从卵到毛虫，再到成虫，蝴蝶是包括哺乳动物、鸟类和小型爬行动物在内的成千上万种动物的食物来源。几个世纪以来，毛毛虫变成蝴蝶的神奇过程激发了人类的想象力，它们也因此成为蜕变的象征，这种蜕变通常是积极的，但有时也是很可怕的。

美丽的外表

在昆虫中，飞蛾和蝴蝶受到了研究人员的大量关注。这可能是因为它们不仅很有趣，而且非常漂亮。我们对它们的了解比对其他昆虫群体都要深入。它们中有比米粒大不了多少的微型飞蛾，也有巨大的皇蛾，皇蛾的翅膀像一本打开的平装书一样宽。虽然飞蛾和蝴蝶以翩翩飞舞的姿态而闻名，但弄蝶等物种的飞行速度可以达到每小时约 50 千米。蜂鸟蛾不仅飞得快，还会像蜂鸟一样快速扇动翅膀，以便在采食花蜜的同时保持在花前的位置。

君主斑蝶以其令人难以置信的迁徙而闻名。每年随着季节的变化，数以千计的君主斑蝶在栖息地位置、太阳或地球磁场的引导下从墨西哥迁徙到美洲北部，行程超过 4 000 千米。

大多数蝴蝶在白天活动，在夜间活动的物种可能是受到星星的指引。飞蛾一般在夜间飞行，气味对它们交流和寻找配偶尤为重要。有些鳞翅目昆虫会利用声音来寻找配偶和躲避捕食者，比如虎蛾会发出咔嗒声来迷惑蝙蝠，有的飞蛾能听到蝙蝠发出的超声波，从而躲开蝙蝠的捕食。

巧妙的伪装

地球上的许多生物通过伪装和拟态来保护自己免受捕食者的伤害。蝴蝶和飞蛾经常使用这些手段，甚至通过模仿十分危险的动物来迷惑捕食者。它们的翅膀和身体覆盖着鳞片，就像安装了瓦片的屋顶一样。鳞翅目昆虫的英文名"lepidopteran"来自古希腊语，意思是"鳞翅"。这些鳞片的表面可以通过色素以及能够衍射和折射光线的细微结构来呈现美丽的颜色。

拟态的出现是自然选择的一个典型例子。当某一类动物的后代自然而然地长成了不同的模样时，那些很难被捕食者发现以及看起来像有毒物种或捕食者的个体具有生存优势，并将基因进一步遗传给后代。随着时间的推移，这可能会使一个动物种群的外形发生巨大变化，比如带有那些我们今天在动物身上看到的引人注目的图案。有毒的蝴蝶及其幼虫常用夸张的图案和鲜艳的颜色来昭示它们不好惹。

鳞翅目幼虫通常是绿色或棕色的，能与树叶"融"为一体，成虫也可能模拟植物的形态，以避免被捕食者发现。这些都可以在昆虫化石中找到，包括模仿树叶的灌丛蟋蟀化石和竹节虫的古代亲属化石。在中国，研究人员在侏罗纪地层中发现了蝎蛉的化石，它们模仿了在当时很常见的银杏树的叶子。

蝴蝶掌握了多种伪装技巧，其中最具代表性的是用翅膀上的眼斑模仿大型捕食者的眼睛。它们不是唯一使用这种策略的动物，中国出土的草蛉化石中有一种名为 *Oregramma* 的昆虫，其在 1.25 亿年前使用几乎相同的眼斑图案来欺骗恐龙和翼龙。人类也从蝴蝶的伪装和拟态中获得了灵感，在非洲和印度，人们在自己和牛身上画上眼斑，以躲避狮子、豹子和老虎的攻击。人们通常在牛的屁股上画上眼斑，或者给牛的后脑勺戴上面具，以骗过试图从后面偷袭的猫科动物。通过研究动物的伪装和拟态，人类设计了各种类型的迷彩服以及基于昆虫翅膀上的鳞片原理的新技术和新材料。

翼手龙——第一种具备飞行能力的脊椎动物

翼手龙是一种生活在侏罗纪的翼龙。这些会飞的爬行动物是第一批适应了空中生活的脊椎动物。它们可能是恒温动物，在整个中生代都很繁盛，遍布所有生境，其开创的生活方式现可见于鸟类和蝙蝠。

翼手龙生活在 1.51 亿～1.47 亿年前的欧洲。它虽然很小，但翼展可达 1 米，外形有点像游隼。翼手龙不属于鸟类，而是一种翼龙，没有羽毛或真正的喙，其鼻端可能有一个小的角质突起。它的头骨很长，颌部长满了牙齿，还有一个从鼻子延伸到头顶的双峰，看起来像莫西干人的发型。双峰的颜色很鲜艳，可能是为了吸引配偶和恐吓对手。翼手龙以无脊椎动物、小型的哺乳动物和蜥蜴等为食。翼龙是第一种进化出动力飞行这种能力的脊椎动物，其飞行方式很独特，有别于后来的恐龙和哺乳动物。

人们常将翼龙误称为翼手龙，其实，翼手龙只是生活在中生代的150 多种翼龙中的一种。翼龙不是恐龙，只是与恐龙共有一个祖先。翼龙虽然会飞，但与鸟类没有关系，它们很可能是恒温动物（内温动物），手臂上有强大的肌肉帮助其飞行。在 18 世纪末，翼手龙成为第一种被确认的翼龙，不过，由于最早的标本中没有保存其软组织，人们花了一些时间才意识到这是一种会飞的动物。翼龙的翅膀由皮膜构成，在目前已经发现的多块翼龙化石中，其翅膀化石也被保存在地层中。

翼龙生活在三叠纪，并在 6 600 万年前与恐龙同时灭绝。它们经常被描绘成蝙蝠状或蜥蜴状，但其实并非如此。蝙蝠的翅膀很薄，连接起多个手指，就像有蹼的手，而翼龙的翅膀更结实，靠细长的第四指支撑。翼龙的其他手指位于翅膀的前端，可能会在行走时使用。

右图注：这幅古画描绘的是翼手龙，它是迄今为止人类发现的第一种会飞的爬行动物，也是目前已知的150 多种翼龙之一。

有证据表明，翼龙的身体可能覆盖着一种名为"pycnofibres"的细丝，这可能会削弱它们的触感。翼龙会产卵，这些卵可能被柔软坚韧的壳包裹着。翼龙宝宝的化石已经被发现，目前科学家还不清楚它们从父母那里得到了多少照顾，也不确定它们的父母是否期望它们在孵化后不久就能自食其力。

我们起飞了！

与昆虫、鸟类和蝙蝠一样，翼龙进化出飞行能力的过程至今不为人知。研究人员很难追踪动物是如何从地面或树上转移到空中的。我们不仅不知道翼龙是如何进化出飞行能力的，也不清楚其飞行原理。人们曾经认为，白垩纪时最大的翼龙之所以能在空中飞行，是因为当时的大气成分与现在不同，但这是错误的，因为相对于它们的体型来说，大气成分的差异太小了，不会对它们产生影响。

在过去的 30 年里，研究人员使用了一些特殊的数学公式来研究翼龙的飞行，这些数学公式是工程师在制造高效飞行的飞机时才会用到的。现在我们知道，翼龙拥有强壮的翅膀和胸部肌肉，一旦起飞，它们就会像现今的鸟类那样利用升力的特性，在气流中扇动翅膀来实现翱翔。

对科学家来说，更具挑战性的难题是：翼龙是如何从地面飞到空中的。大多数鸟类都是从地面上跃起，利用腿部肌肉向上推动身体，像天鹅这样的大型鸟类则可能会在起飞前助跑以加快速度。翼龙的腿并不强壮，它们可能无法奔跑，因此，在很长一段时间里，人们认为它们会找到高地或者爬上树，然后一跃而下，利用热气流升上天空。然而，新的研究表明，翼龙会利用自身手臂和胸部的肌肉来帮助自己起飞。就像做快速俯卧撑一样，它们把自己向上推（"四足发射"），然后拍打着翅膀升入空中。诸如吸血蝙蝠等现生蝙蝠会降落在地面上觅食，然后用这种方法回到空中。

穿越时空的翼龙

在不同的地质时期，翼龙呈现出不同的模样。第一批翼龙出现在三叠纪，有着长长的尾巴和布满牙齿的颌。它们可能擅长攀爬，在地面上行走时则有些笨拙，因为它们的翼膜与腿是相连的。在侏罗纪后期，一些翼龙的尾巴和翼膜变小了，脖子则变长了。有些翼龙进化出了巨大的下弯牙齿来捕鱼，但到了白垩纪，它们就完全没有牙齿了。翼龙所吃的食物是不固定的，有些小型的钝头翼龙是食虫动物，有些较大的翼龙则是食肉动物。大多数翼龙以鱼类为食，包括从在靠近海岸的水面附近抓取猎物的觅食者，到潜入深一点的浅滩捕食的潜水者。某些翼龙甚至以有壳动物、水果或种子为食。只要是它们能到达的地方，都变成了它们的生态位。

翼龙中体型最大的物种走到了最后。在白垩纪末期，风神翼龙是真正的庞然大物，站起来和长颈鹿一样高，翼展超过 10 米。它们可能是捕食性动物，体型非常大，几乎可以吞下包括小型恐龙在内的任何东西。它们和许多翼龙一样四肢着地，后肢平放在地上，翅膀折叠起来。通过这样的方式，翼龙可以很舒适地在陆地上行走。

翼龙的多样性在白垩纪末期下降。目前还不清楚为什么会发生这种情况，我们只知道，当一颗小行星在 6 600 万年前猛烈撞击地球时，翼龙没能幸存下来，随后鸟类接管了天空。

甲虫——种类最多的动物

　　在侏罗纪，甲虫的数量突然暴增，它们在大地上大快朵颐并留下了闪闪发光的鞘翅碎片。它们用自己的色彩和声音让侏罗纪的森林生机勃勃。甲虫现在是世界上多样性最丰富的昆虫类群，也是地球上几乎所有生态系统的基础。

　　由于缺少化石证据，甲虫的起源尚不清楚，但几乎可以肯定它们最早出现在二叠纪早期。三叠纪的化石很少，大部分属于以木头和真菌为食的动物。在侏罗纪，甲虫开始扮演今天的许多角色，比如植食性动物、食腐动物、粪便回收者、寄生虫和无数其他动物的食物。第一批叶甲、宝石甲虫、叩头甲、蝼蛄和象鼻虫也出现在侏罗纪。在白垩纪后期，甲虫成为最早为花朵授粉的昆虫之一，许多甲虫今天仍在履行这一职能。人们在琥珀中也发现了甲虫化石，甲虫被花粉包裹着，像古代的五彩纸屑。

　　除了北极和南极，每个动植物的栖息地都能找到甲虫。有些甲虫能承受-60℃的低温，通过进入滞育（冬眠的一种）状态并利用能量储备来维持生命，与此同时，它们体内的天然防冻剂可以防止冰晶的形成。与此相对的是，生活在沙漠中的甲虫可以承受50℃的高温，这种极端炎热的天气会杀死大多数其他生物。自侏罗纪以来，甲虫的身体结构基本保持不变。它们具有一种名为鞘翅的坚硬外壳，鞘翅犹如一套保护性的盔甲覆盖着甲虫的翅膀。鞘翅原本是前翅，是甲虫为了保护后翅才进行改良的，这是甲虫的标志性特征。

右图注：甲虫有成千上万种形状和大小，图中展示的是金龟子（左上）、拟步甲（右上）和锹甲（下）。在生态系统中，甲虫是不可或缺的。

　　甲虫的形状和大小具有惊人的多样性，比如大力神甲虫、锹甲和犀牛甲虫会挥动其精美的角，象鼻虫则长着细长的鼻子。最大的甲虫是大王花金龟的幼虫，体长超过10厘米，重量可达115克；最小的甲虫则是羽翼甲虫，体长如同两根人类头发粗，约0.3毫米。

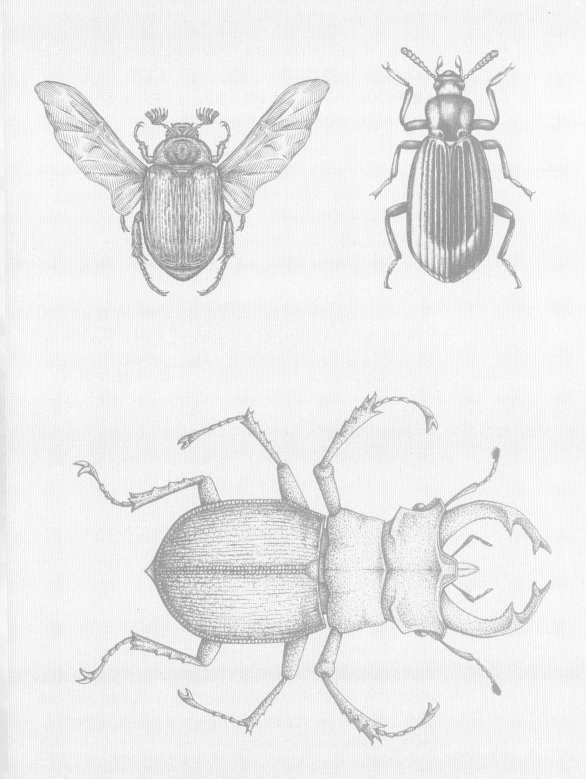

甲虫经常穿着耀眼的彩色服装，并娴熟地运用伪装和拟态等技巧。在发出警报、寻觅食物或寻找配偶时，它们可以通过信息素这种化学物质进行交流。它们还能发出声音，例如，尖叫甲虫会通过摩擦身体的某些部位发出吱吱声来表达自己的愤怒。

造物主偏爱甲虫

当被问及从自然史的研究中可以得出关于造物主的什么结论时，科学家约翰·伯登·桑德森·霍尔丹（John Burdon Sanderson Haldane）开玩笑说，造物主"偏爱甲虫"。这是一个很公正的结论，地球上 1/4 的动物物种是甲虫。目前已经得到命名的甲虫超过 38 万种，据研究人员估计，现存的甲虫种类有 150 万个或更多，其中大部分尚未被发现。

有很多理论可以解释甲虫种类的数量为何如此惊人。甲虫已经存在了很长时间，为自然选择提供了充足的机会。在它们的生命周期中，成虫和幼虫是截然不同的，因此它们不会相互争夺资源，这可能有助于它们取得成功。

自侏罗纪早期以来，哺乳动物一直是昆虫的主要捕食者，如今许多哺乳动物仍以昆虫为食。甲虫可能就是在应对这些捕食者的过程中产生了新的形态。第一批巨型植食性动物出现在二叠纪，随后在侏罗纪和白垩纪出现了植食性恐龙，它们的粪便可能为像蜣螂这样的类群提供了新的食物来源和栖息地，并改变了植物的生长方式和地点。甲虫极具灵活性，可以占据众多不同的生态位，因此，当其他生物在大灭绝中消亡时，它们则能幸存下来。

昆虫化石的颜色

甲虫的色彩绚丽夺目，它们可以像金属一样闪闪发光，有虹彩，有荧光，甚至能发出紫外线信号。一些昆虫化石有着鲜亮的颜色，不过昆虫在现实生活中可能并不长这样。关于昆虫化石形成过程中颜色变化的研究表明，昆虫在转变为化石的过程中，原来的颜色会转变为对应的光波长更长的颜色。因此，紫色的甲虫在变成化石的过程中会变得偏蓝，而蓝色的甲虫则变得偏绿。

颜色似乎是许多昆虫的一种短暂的属性，昆虫体表的这些颜色属于结构色。这些结构色是由光与材料的微观表面相互作用产生的。大多数甲虫的鞘翅都具有结构色，许多蝴蝶的翅膀和鸟类的羽毛也是如此。一种材料因观察角度不同而呈现出不同颜色的现象称为虹彩，它是由分布在材料表面的多个薄层产生的，每个薄层反射的光线略有不同。这可以在保存完好的昆虫化石中找到证据，并揭示出一些甲虫曾拥有或绚丽或明亮的色彩。结构色在甲虫家族中较为常见。离开了特定环境的甲虫看起来可能色彩鲜艳，在一些动植物的栖息地它们则伪装起来，比如与雨林中闪闪发光的树叶"融"为一体。它们呈现出其他颜色是为了警告或迷惑捕食者，为逃跑争取时间。甲虫还会以颜色的形式发出交配信号，甚至通过吸收或反射光线来调节体温。

闪亮的护身符

从古埃及的圣甲虫护身符到亚洲流行的斗虫游戏，甲虫在人类文化中十分常见。甲虫的鞘翅常被用来制作珠宝，甚至被嵌入家具。有种墨西哥胸针，由一只活的铁定甲虫制成，上面点缀着宝石，用一条小链子系在女性的衣服上。

有的甲虫是农业害虫，有的则是人类的朋友，比如以蚜虫为食的瓢虫。在回收养分、疏松土壤和提供食物方面，甲虫发挥着重要作用，因此是生态系统的关键组成部分，对现今地球上的其他生物至关重要。

始祖鸟——身披羽毛的恐龙

恐龙主宰了中生代的生态系统。在侏罗纪，有一种动物在森林里拍打着翅膀，乍看上去像一只奇怪的渡鸦。始祖鸟浑身长着乌黑的羽毛，拥有牙齿和爪子。它的化石证实了科学家长期以来的猜测，即鸟类由恐龙进化而来。

在侏罗纪末期，有一种动物十分奇异，它一半像爬行动物，一半像鸟类。这种动物虽然还没有渡鸦大，却有着宽大的羽翼和瘦长的尾巴，它们细长的腿上也长着羽毛，就像牛仔所穿的古怪的皮套裤。虽然我们觉得它有些眼熟，但在侏罗纪末期，这种生物是一个全新的物种，也是鸟类的旁支。始祖鸟的吻部和满嘴的小牙齿暴露了它是爬行动物的身份，其每只翅膀的末端都有一只爪子，可以进行抓挠。作为迄今发现的最著名的恐龙之一，始祖鸟不仅让我们得以一窥一个已经消失的世界，还让我们了解了人类的起源。它告诉科学家，鸟类是从侏罗纪的小型带羽毛的爬行动物进化而来的。恐龙没有消亡，只是以另一种形式生活在地球上。

自 1861 年以来，人们发现了至少 10 个骨架化石和 1 个羽毛印痕化石。有些骨架上带有羽毛光环，就像岩石中的雪天使。通过分析这些羽毛中的黑素体（含有色素的结构），我们知道始祖鸟的羽毛大多是黑色的。它有一个较大的大脑，听觉和视觉都很发达，在白天很活跃，捕食甲虫和包括蜥蜴在内的小型脊椎动物。

虽然看起来像鸟类，但始祖鸟及其亲属与恐龙而非现代的喜鹊拥有更多的共同点。许多恐龙群体都长着羽毛，小型非鸟恐龙也有翅膀和叉骨。在中国，研究人员发现了近鸟龙的化石，并认为它是最古老的鸟类近亲。

右图注：自 1861 年始祖鸟被发现以来，这种长着羽毛的恐龙提供了无可争议的证据，证明了鸟类是从恐龙进化而来的。

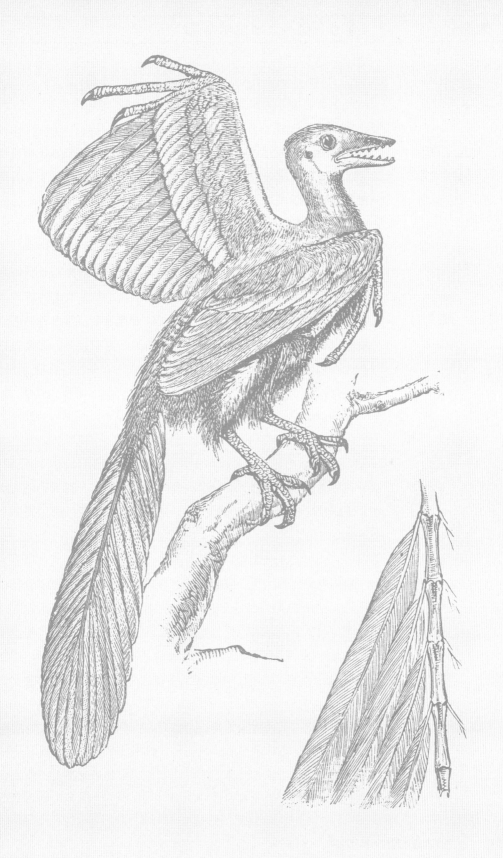

侏罗纪	2.01 亿～1.45 亿年前

现生鸟类的祖先被统归入新鸟亚纲，它们可能出现在大约 9 000
万年前的白垩纪晚期。这样的动物被称为过渡物种，有时也被称为
"缺失的环节"。"缺失的环节"是一个过时的术语，它是基于进化是一
条直线的观点。现实情况要复杂得多，系统发育树的分支朝着各个方
向延伸，常常以灭绝告终。不过，这些化石的解剖结构确实让我们进
一步了解了鸟类特征在深时中的演变。

关于始祖鸟是否真的能飞，目前还没有定论。它的羽毛结构有助
于它产生升力，这是飞行的先决条件。始祖鸟那长着羽毛的腿很可能
是伸展开的，其作用相当于机翼。类似的腿部羽毛在始祖鸟的近亲非
鸟恐龙中也有发现，比如小盗龙。如果始祖鸟真的会飞，那么它更有
可能像野鸡一样是一个爆发性的飞行者，无法在空中停留很长时间。
恐龙是继翼龙之后第二个进化出动力飞行这种能力的脊椎动物类群。

恐龙王朝　　　　几个世纪以来，人们在世界各地不断发现中生代爬行动物的化石。
在 19 世纪的欧洲，第一种被科学家命名的恐龙是来自英国的巨齿龙，
这是一种类似霸王龙的大型食肉动物。从那时起，人们将目光从欧洲
和北美洲转向非洲、南美洲和中国。据估计，近年来几乎每周都会公
布一个新的恐龙物种。

恐龙主要分为三类，即蜥脚类、鸟臀类和兽脚类。蜥脚类恐龙体
型巨大，有着长颈长尾，其中最著名的是梁龙。鸟臀类包括剑龙、三
角龙等身披盔甲的动物，它们主要是植食性动物。始祖鸟和其他双足
食肉恐龙则属于兽脚类。这三个庞大的谱系繁荣于侏罗纪和白垩纪，
在长达 1.5 亿年的时间里，恐龙是最多样化和最成功的陆生动物。

在白垩纪末期的大灭绝中，恐龙只有一个分支的少数成员幸存下
来，那就是兽脚类中的鸟类。我们一直试图从鸟类身上寻找有关其早
已灭绝的亲属的生物学线索。研究表明，所有的恐龙都会产卵，它们
可能是温血动物。恐龙有着良好的视力，有羽毛的物种可能会像今天

的鸟类一样进行交配。关于这些已经灭绝的生物及其生活方式，仍有许多问题等待解答。

伪造的羽毛　　不时有人声称，像始祖鸟这样的带羽毛恐龙的化石是伪造的。这种言论是源于对化石形成过程缺乏了解，以及受个人信仰和宗教信仰的影响。这些信仰与压倒性的证据相矛盾，后者证明了进化是生物多样性的形成机制。不过，在古生物学中，造假有时确实是一个问题。为了经济利益，有时人们会把不同的化石碎片粘在一起，或使用人造材料"创造"出某些特征。

白垩纪

白垩纪持续了 8 000 万年，是复杂生命诞生以来最长的地质时期。在这一时期，全球气温和海平面不断上升，各个大陆分散开来，生活在上面的生物也因此被分隔。在陆地上，一个不可思议的新类群绽放了，那就是开花植物。它们推动着陆地上的所有动物走向多样化，这一变化影响范围之广，无异于一场生态革命。

白垩纪始于 1.45 亿年前，并在 6 600 万年前以一声巨响结束。在这段时间里，气温逐渐升高，在 9 000 万年前达到峰值。当时的海平面很高，比现在高出大约 110 米，海水吞没了一部分大陆。南大西洋和印度洋诞生了，非洲北部、阿拉伯半岛和欧洲被特提斯海淹没，随着非洲向北漂移，特提斯海最终封闭。原加勒比海淹没了南美洲的部分地区，北美洲则被丰饶的海道一分为三。

白垩纪通常缩写为 "K"，来自德语中的 "kreide"，意即 "白垩"。白垩的主要成分是碳酸钙，由古生物的残骸集聚而成。在白垩纪，此类岩石遍布整个欧洲的地表深层。分裂的大陆之间形成了新的海洋环流，海洋中的钙含量增加了，促进了浮游生物的繁殖。这些浮游生物死后沉入海底，经过几百万年的时间，形成了如冰山一般厚厚的白色岩石。

对地球上的生命来说，这是一个不寻常的时期。众多海洋爬行动物生活在海洋里，鸟类也开始开发海洋资源，包括那些会潜水的物种，比如长得像鸬鹚的黄昏鸟。南极洲森林茂密，有大量的恐龙和哺乳动物，它们的骨骼现在仍然被冰雪掩埋着，只在大陆的边缘地带露出些许。恐龙王朝进入了全盛时期，一些恐龙成为有史以来最大的陆生动物。在它们周围，生命正被第一批鲜花和水果带来的新机会重新塑造。

白垩纪的结束标志着中生代的终结，非鸟恐龙也结束了它们的统治。一场大灭绝将它们和许多物种从地球上抹去，这场大灭绝的破坏性虽然不及二叠纪末期那次大灭绝，但仍是进化史上最具破坏性的 5 次大灭绝之一。许多令人惊叹的爬行动物灭绝了，随着新生代的到来，大自然又将创造出一幅全新的图景。

陆地革命

在 1.25 亿～8 000 万年前，地球上发生了一件不寻常的事情，即白垩纪陆地革命。这场革命标志着新型的鸟类、昆虫、哺乳动物和爬行动物的突然爆发。这一改变世界的时期与第一批开花植物的出现直接相关。恐龙的进化受这一事件的影响较小，较小的爬行动物，如有鳞类（蜥蜴和蛇）则重新繁荣起来。现生哺乳动物群体的第一批成员爬过果树的树枝，它们周围的传粉者则忙着采集新鲜又甜美的花蜜。在地球的进化史上，陆生生物的多样性第一次超过了海洋生物。

植物是食物网的基础，对其他生物的进化有着不可估量的影响。开花植物为昆虫提供花蜜和果实，昆虫又成为部分大型动物的食物。第一批蜜蜂在这个甜蜜的新世界里嗡嗡飞舞，其他社会性昆虫也出现了，它们组成了群体，并建造巢穴来抵御捕食者和寄生虫。在现今的地球上，这些昆虫是极为重要的大自然工程师。现生哺乳动物的祖先最早出现在白垩纪，它们一直不如体型更大的亲属那么引人注目。经过一次生物大灭绝和生物世界的重新排序，现生哺乳动物才获得了机会并最终崛起，呈现出我们现在所看到的令人眼花缭乱的多样性。

小行星撞击

在白垩纪地层的最上层有一条清晰的地质界线，即一层铱。铱是一种在地球上不常见的元素，来自 6 600 万年前一颗小行星撞击墨西哥尤卡坦半岛海岸时落下的尘埃。这层铱也叫 K-Pg 界线，意思是白垩纪–古近纪（以前被称为 K-T）。撞击的地点位于现在的希克苏鲁伯镇（Chicxulub），事实证明，这个着陆点很致命。希克苏鲁伯镇的地下有富含石膏和硫酸盐的岩石。小行星撞击所产生的冲击波直接影响了这个区域，引发了森林火灾和海啸。此外，富含硫酸盐的尘埃被释放到大气中，形成了硫酸雨。这些破坏性的因素摧毁了陆地上和水中的众多生态系统。

白垩纪末期的物种大灭绝是地球生物进化史上最著名的一次事件。在这场物种大灭绝中，几乎所有恐龙都灭绝了。在白垩纪末期走向灭绝的生物还有很多，众多脊椎动物与能进行光合作用的植物被核冬天的灰尘和寒冷击倒。翼龙、海洋爬行动物和螺旋状的菊石都永远消失了。鸟类（恐龙的后代）和部分哺乳动物幸存下来，两者在接下来的 6 600 万年里都很繁盛。它们与其他幸存下来的动物建立了一个新的食物网，共同塑造了我们所熟知的世界。

古果——开花植物的崛起

在白垩纪，第一批盛开的花朵像五月皇后①一样为地球戴上了花环。古果就是其中一类开花植物，这是一种生长在水边的不起眼的植物，会开微小的花。这样的开花植物为昆虫和其他动物提供了花蜜与果实，以换取授粉和种子传播的机会，这种关系引发了生物多样性的大爆发。这些神奇的开花植物维持着世界各地的生态平衡，成为人类和许多动物的食物来源。

大约 1.25 亿年前，森林里的池塘边生长着柔软嫩绿的古果，其茎部顶端排列着尖尖的小花。这些花会膨胀形成微小的果实，果实的形状和大小与米粒一样。羽毛状的叶子沿着茎向外延伸，根部简单的形状决定了古果适合在水生环境生长。在白垩纪，低调的古果很容易被巨大的食草恐龙踩在脚下，从而"弯下腰"在闪闪发光的水池中"大喝一口"。古果虽然很不起眼，却是最早的开花植物之一，开启了开花植物的进化之旅。在此之前，地球上没有花；自此之后，五颜六色的花朵纷纷绽放。

古果出土于中国东北地区的地层，其化石保存得异常完好，有助于我们确定它在生命史上的地位。开花植物又叫被子植物，目前大约有 40 万种，占地球上植物群体的 80%。最早的被子植物很难辨认，古果和当时的其他植物一样没有明显的花瓣、萼片，以及其他与花有关的特征。早期的被子植物主要生长在湖泊和溪流中或周围。与另一个会结种子的重要植物类群——裸子植物不同，被子植物会开花和结果。许多被子植物能够在一年内完成从萌芽到开花结果的过程，岩芥等植物甚至可以在几周内完成。

开花植物的迅速崛起和传播从根本上提高了生态系统的生产力。营养循环和水循环被彻底改变了。

右图注：古果那微妙的小花是地球上最早的花朵。这样的开花植物改变了地球，如果没有它们，就可能没有人类。

———————————

① 五月皇后是指被选为五朔节庆祝活动女王的少女。——编者注

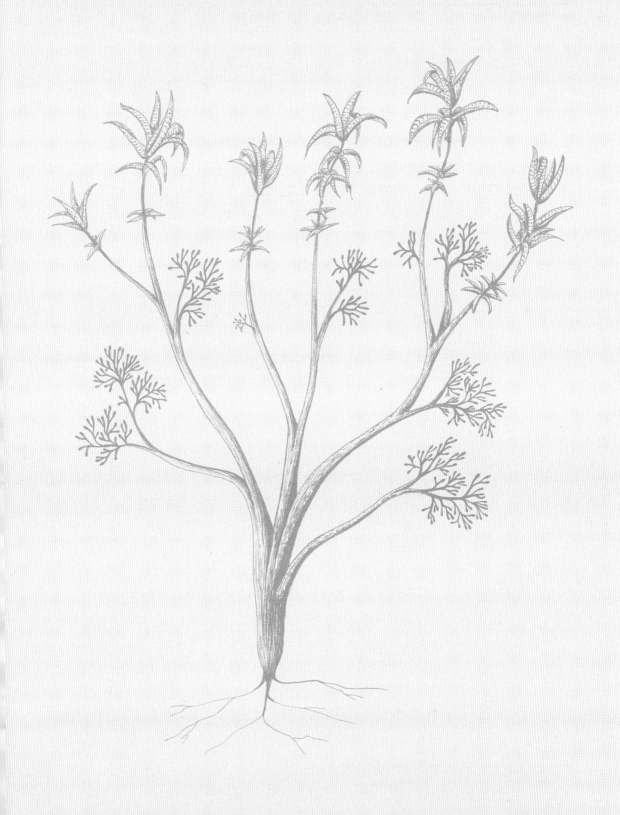

在整个白垩纪，开花植物取代了原有的下层植被，并最终取代了裸子植物，成为广袤森林中的主要植物。这引发了白垩纪陆地革命，推动了现今地球上几乎所有动物类群的出现。

感受果味　花和果实对其他生物的进化产生了巨大影响，其与这些生物形成了合作关系，后者会帮助植物授粉和传播种子。最早的陆地植物和藻类利用游动的雄配子进行繁殖，裸子植物的雄配子则以花粉的形式随风飘到远方。

大多数开花植物依靠昆虫、鸟类和哺乳动物等传粉者将花粉从一朵花传递给另一朵花。开花植物用颜色、香味和奖励（如花蜜和果实）吸引传粉者，让它们来完成自己无法完成的任务。虽然被子植物在早白垩世就出现了，但直到白垩纪末期那场大灭绝之后，它们对现代鸟类和哺乳动物的新物种来说才特别重要。被子植物果实的大小随着时间的推移不断变化，并与森林栖息地的扩张和萎缩直接相关。

在德国一个叫梅瑟尔坑（Messel Pit）的地方，人们发现了数百件保存完好的化石，这些化石由生活在 4 700 万年前的古近纪的动物形成。这些动物中至少有 10 种以果实为食的哺乳动物，这表明动物食用被子植物的果实在当时已经非常普遍。

开花植物的重要性　现代农业依赖于开花植物。从早上的第一杯咖啡到晚上的饭菜，大部分食物都是由被子植物制成的。到目前为止，对人类来说最重要的是大麦、玉米、水稻、燕麦和小麦等草本植物，其次是葫芦科（包括南瓜和西葫芦）、蔷薇科（包括苹果树和李子树在内的大多数果树）、茄科（如辣椒、马铃薯和番茄）和芸香科植物（柑橘类水果）。这些植物及其果实大多有多种用途，比如椰子不仅可以食用，其纤维还能用于制作服装、建筑材料、器皿和珠宝首饰。开花植物既是人类的食物，也是牲畜的主要饲料。

白垩纪	1.45 亿～6 600 万年前

进化心理学家认为，由于人类对美的追求，一些花卉可能被赋予了进化优势。在最早的农业实践中，那些对人类具有吸引力的花卉躲过了被清理的命运，甚至被留下来种植。人类种植观赏性花卉至少有5 000 年的历史，人们甚至在尼安德特人的埋葬地中发现了花粉，这表明他们也喜欢花。花卉具备的美学特质可能推动了某些花卉的传播，并阻碍了其他花卉的扩散，进而影响了它们的进化。这本书的印刷用纸可能也是由被子植物制成的。

古蜂——蜜蜂的起源

　　古蜂是地球上最古老的"蜜蜂"。这些重要的传粉者是从黄蜂进化而来的，它们与开花植物同时出现。蜜蜂自诞生之初就很小，后来逐渐成了我们今天所知的复杂的社会性昆虫。它们采集花蜜，生产出大量绵软的蜂蜜。蜜蜂虽然对人类农业至关重要，却也可能会给人类带来毁灭性的灾难。

　　古蜂的化石漂浮在金色的琥珀海洋中。古蜂这种微小的昆虫只有大约3毫米长，生活在1亿年前的热带森林中。它有一个心形的头和长而精致的腿。研究人员认为，它后腿上的小支"毛"是用来收集花粉的。事实上，它的腿和头上都能粘带花粉颗粒。古蜂是世界上最古老的传粉者之一。

　　蜜蜂虽然是植食性动物，却是从肉食性黄蜂进化而来的。从古蜂化石来看，古蜂兼具这两个类群的特征，因而成为连接它们的重要过渡物种。蜜蜂和黄蜂都属于膜翅目，这个群体还包括蚂蚁和叶蜂。早在二叠纪时，膜翅目昆虫可能就出现了，但它们的化石记录很少。古蜂的化石告诉科学家，在白垩纪，我们所知道的蜜蜂的特征就已经出现，这些特征揭示了它们的进化路径。最早的蜜蜂体积大多都很微小，这是可以预料的，因为最早的花也很小。在琥珀沉积物中，花化石的直径只有1~6毫米。这些传粉者的起源与第一批开花植物的出现有着内在的联系。大多数人都很熟悉产蜜的蜜蜂和胡蜂（大黄蜂），其实，在除南极洲以外的各大洲已知的蜜蜂共有1.6万多种。诸如 *Perdita* 等蜜蜂和古蜂一样小，而华莱士巨蜂的长度可以达到近4厘米。人们常说，蜜蜂应该不能够飞行，因为它们的翅膀很小，似乎不符合空气动力学定律，其实这是一种误解，这源于人们不了解蜜蜂的飞行机制。现在我们知道，蜜蜂扇动翅膀的速度极快，每秒约230次。有些蜜蜂还拥有用来防御的螫针。

右图注：蜜蜂是极为重要的传粉者，它们与植物的关系可以追溯到白垩纪。

与黄蜂不同的是，蜜蜂通常与勤劳、合作等积极的特质联系在一起。在古埃及神话中，蜜蜂是从太阳神拉（Ra）的泪滴中诞生的。

重要的传粉者　　蜜蜂是世界上最重要的传粉者之一。最早的花朵可能是在其他昆虫（如甲虫）的帮助下完成授粉的。随着蜜蜂与花朵发展出独特的关系，它们最终变成了某些植物繁殖的指定信使。为了完成传粉任务，蜜蜂进化出长长的舌头来提取花蜜，还长出了能携带花粉的特殊腿"毛"。夜行性蜜蜂也出现了，它们以只在夜间分泌花蜜的花朵为食。蜜蜂通过气味或花瓣上的紫外线图案来寻找合适的花朵。一旦找到，它们就会返回蜂巢，用"摇摆舞"来传达食物来源的位置，告诉蜂巢中的其他成员应该朝哪个方向飞行。

蜂蜜是蜜蜂用花蜜制成的。蜜蜂将花蜜保存在专门装蜜的胃里，在那里，一部分花蜜被酶分解。回到蜂巢后，蜜蜂将花蜜反刍到另一只蜜蜂体内，花蜜进一步被酶分解，其水分含量不断降低，最后的成品被储存在蜡质蜂巢中。蜂巢的六边形格子是原本是圆形的管子受到张力而形成的。这些蜂蜜储备不仅能抵抗细菌和霉菌，还能让蜂巢在冬季保持活力。

几个世纪以来，人类一直在养蜂并从野生蜂巢中采集蜂蜜。在西班牙巴伦西亚的蜘蛛洞中，有着 8000 年历史的岩画描绘了人类采集蜂蜜的过程，这是关于蜂蜜采集的最早记载。中国现在是世界上最大的蜂蜜生产国，每年生产 190 万吨蜂蜜，占全球商业蜂蜜产量的 1/4。

人类主要农作物至少有 1/3 是需要授粉的开花植物，而大部分授粉工作是由野生蜜蜂和家养蜜蜂完成的。在杀虫剂滥用、疾病困扰和野花减少的共同影响下，这些勤劳的采集者的数量正在迅速减少。气候变化使这些影响变得更加严重。据预测，如果我们不立即采取行动拯救走向灭绝的蜜蜂，它们的消失对人类和整个生态系统来说都将是灾难性的损失。

白垩纪	1.45 亿～6 600 万年前

时间胶囊琥珀　　　古蜂被保存在树脂化石中，这种化石又被称为琥珀。世界上有几个地方以琥珀矿藏而闻名，每个地方都可以追溯到地球历史上的不同时期。多米尼加共和国的琥珀来自大约 2 300 万年前的森林，而波罗的海琥珀大约来自 4 400 万年前。古蜂是在缅甸的琥珀中被发现的，这个橙色的时间胶囊捕捉到了白垩纪世界的一个特殊片段。

爬兽——吃恐龙的哺乳动物

爬兽是恐龙时代已知最大的哺乳动物。这种和獾差不多大的矮壮生物生活在早白垩世的中国。人们在爬兽的胃里发现了一个令人惊叹、完好无损的样本，那是一只恐龙幼崽的遗骸。这颠覆了我们对中生代哺乳动物的认识。

大约 1.3 亿年前，一只爬兽在灌木丛中穿行。它看起来像一只獾，浑身是毛，身体矮壮，犬齿锋利。爬兽能长到 14 千克，是中生代最大的哺乳动物之一。它属于戈壁尖齿兽科这个已经灭绝的群体，是第一种肉食性哺乳动物。它主要以蜥蜴和小型哺乳动物等较小的脊椎动物为食，来自中国的令人难以置信的证据表明，这些饥饿的机会主义者甚至以恐龙幼崽为食，这颠覆了我们对古代食物网的先入之见。

人们总是将侏罗纪和白垩纪与爬行动物联系在一起，其实，哺乳动物是与它们一起繁荣起来的。哺乳动物是下孔类这个庞大的群体中的一部分，下孔类动物在 3 亿年前由其与爬行动物的共同祖先中的部分进化而来。到了三叠纪晚期，大多数似哺乳爬行动物灭绝了，出现了真正的爬行动物。一直以来，人们认为哺乳动物在侏罗纪和白垩纪只有老鼠那么大，因为它们被生活在同一时期的巨型爬行动物统治着。得益于爬兽这类动物的化石的发现，现在我们知道事实并不是这样。研究人员在爬兽的胃里发现了一只幼年鹦鹉嘴龙的残骸，这是一种常见的植食性恐龙。虽然我们尚不能确定爬兽是主动捕食，还是遇到死去的鹦鹉嘴龙幼崽后饱餐了一顿，但这块化石证实了哺乳动物在这个时期的生态多样性非常高，远远超出人们的预想。

现今地球上的哺乳动物主要分为三大类，即胎盘类、有袋类和单孔类（鸭嘴兽和针鼹）。它们有共同的祖先，最早可以追溯到三叠纪。

右图注：爬兽是一类肉食性哺乳动物，大小和獾差不多，会吃恐龙幼崽。

哺乳动物都是恒温动物，能分泌乳汁，身体上长满了毛。它们的牙齿形状十分复杂，与其他脊椎动物不同的是，它们的牙齿通常只更换一次，更换后的牙齿将伴随它们一生。如今，各种形态和大小的哺乳动物遍布全世界，它们由白垩纪末期那场大灭绝中的几个幸存者进化而来。在此之前，众多动物群体共享恐龙世界，包括爬兽。在这场大灭绝中，大多数动物群体与爬行动物一起消失了，把地球留给了现生哺乳动物的祖先。

感官遗产　在三叠纪，早期哺乳动物非常小，而且有可能是夜行动物，这些特性对哺乳动物的生存和繁衍十分有利。相较于较大的动物，较小的动物失去更多的热量，因为它们的表面积与体积之比更大，身体的热量更易通过皮肤表面流失。第一批哺乳动物通过进化出一层皮毛来减少热量的流失，它们的新陈代谢也因此加快了，这是今天的哺乳动物是恒温动物的原因之一。

通过研究现生哺乳动物的眼睛结构和基因，我们得以知道第一批哺乳动物是夜行动物。在现今的哺乳动物中，只有少数几个物种的眼睛中具有被称为视锥细胞的光敏结构，借助这种结构，动物可以在日间视物和感知颜色。它们的夜行性祖先不需要这种结构，所以大部分在进化的过程中将视锥细胞和与之相关的基因丢失了。因此，现今的大多数哺乳动物都是色盲，只有包括人类在内的少数谱系掌握了识别颜色的全新方法。

夜行可能促进了动物感官的发展，使其听觉和嗅觉变得更加灵敏。从蝙蝠发出的超声波到大象对话的次声波，哺乳动物能听到的声音频率范围很广。哺乳动物还会通过气味进行交流，并且它们习惯于触摸彼此的胡须和皮毛，以避免在光线昏暗的环境中走散。或许正是在这些变化的共同作用下，哺乳动物的大脑从侏罗纪开始逐渐变大，它们已经适应了处理来自周围环境的越来越多的感官信息。正因如此，现今地球上的哺乳动物才会如此多样，小到好动的鼩鼱，大到深海巨兽蓝鲸。

出人意料的
多样性

在过去的 20 年里，新出土的化石颠覆了我们对恐龙时代的哺乳动物的看法。这些生物大小不一，有回形针大小的蚕食者，也有斗牛犬式的肉食者。专业的攀爬者利用长长的可以抓握的手指在树梢上穿梭，游泳高手潜入水中捕食水生昆虫和鱼类，类似鼹鼠的挖掘者则以蠕虫为食。有些哺乳动物甚至能滑翔，就像今天的鼯鼠一样，其张开的皮翼相当于机翼，帮助它们在树间飞行。这些动物的化石大多来自中国，而且保存得非常完好，揭示了中生代的哺乳动物在生态上的多样性几乎与今天类似大小的动物一样。

在侏罗纪和白垩纪，多个哺乳动物类群都呈现出惊人的多样性，但现生哺乳动物的祖先并不引人注目。随着大陆的解体、分离，在大灭绝之后，幸存的哺乳动物种群在世界的不同地方建立了独特的谱系。例如，非洲兽类包括泛蹄类、金毛鼹、马岛猬和土豚，其祖先可以追溯到生活在非洲－阿拉伯大陆上的哺乳动物。劳亚兽总目包括刺猬、鲸鱼、蝙蝠等，它们的共同祖先生活在北半球。有袋类哺乳动物则分布在澳大利亚和南美洲。这些例子说明了生物的进化与地理位置及其变化密切相关，并随其变化创造了独特的生命模式。

阿根廷龙——最大的陆生动物

人们常说恐龙令大地震动，有些恐龙让这句话变成了现实。在白垩纪，许多种类的恐龙体型都很大，其中最大的是像阿根廷龙这样的动物，它们属于蜥脚类。它们有着长长的脖子和尾巴，还有巨大的身体，其他身体部位也非常大。白垩纪的世界是恐龙的乌托邦，到处都是非同寻常的生物，几个世纪以来一直激发着人类的想象力。

体型巨大，可以行走

阿根廷龙生活在 9 600 万～9 200 万年前的晚白垩世，其栖息地位于现在的阿根廷。它体长超过 30 米，据科学家估计，它的重量相当于 9 头大象。阿根廷龙的脖子很长，像蛇一样，头部则小得出奇。它笨重的身体由粗壮的腿支撑着，身后拖着一条长长的尾巴。蜥脚类恐龙以其比博物馆还要大得多的体型而闻名，其中最著名的也许是梁龙和腕龙，但与阿根廷龙相比，它们的体型都不算大。阿根廷龙是一种泰坦巨龙，后者属于蜥脚类恐龙，这个群体包括有史以来最大的陆生动物。

蜥脚类恐龙大多生活在南美洲。在白垩纪，南美洲东部与非洲分离，和北美洲隔着赤道相望。广袤的平原上河流纵横交错，阿根廷龙在其中自由徜徉。一片青翠的针叶树覆盖着山坡，为源源不断的阿根廷龙提供了食物。它们的脚与大象的不同，爪子是向侧面弯曲的。虽然我们知道蜥脚类恐龙体型巨大，但它们的确切体重仍然是个未知数，因为像它们这样的巨型动物没能存活下来。巴塔哥巨龙、新疆巨龙和无畏巨龙也属于蜥脚类。它们都是植食性动物，这证明了白垩纪时的生态系统极为繁荣。

关于像蜥脚类恐龙这样的巨型动物为何能在陆地上行走，学界一直争论不休。我们今天所知的大多数巨型动物都是水生的，用在水中的浮力减轻自身重力负担。曾经有人提出，蜥脚类恐龙一定是水生动物，它们伸出长长的脖子，让头部露出水面，从而进行呼吸。

右图注：阿根廷龙等植食性长颈蜥脚类恐龙是地球上有史以来最大的陆生动物。

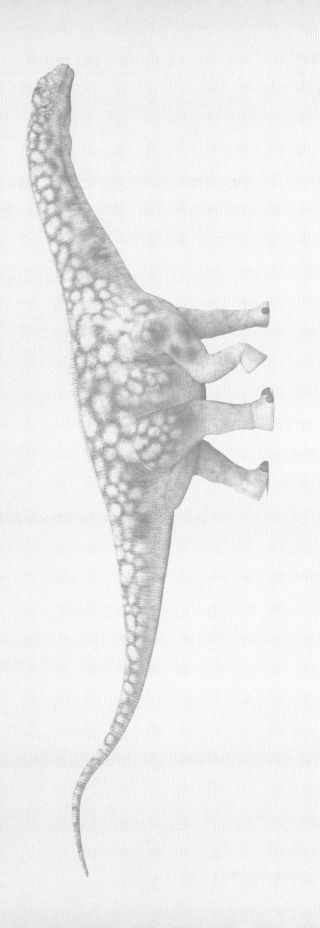

现在我们知道，虽然重力给大型动物带来了生物学上的挑战，但大自然总能找到应对这些挑战的方法。诸如阿根廷龙这样的巨型恐龙毫无疑问是生活在陆地上的。它们解决体重问题的方法之一是骨骼进化出气囊和空洞，这能让它们变轻。基于这一点，我们不能根据哺乳动物的体重来估算蜥脚类恐龙的重量，因为它们的骨骼结构不一样。

与其他恐龙一样，蜥脚类恐龙可能是恒温动物，需要大量的食物来维持生存。它们以极快的速度从树枝上剥下大量树叶，几乎不咀嚼就吞下去。蜥脚类恐龙会产下一窝卵，一个卵可能还没有一个足球大。它们的幼崽很小，通过研究它们骨骼的微观结构，我们得以知道它们在最初的一二十年里长得特别快，体重每年增长 2 吨，并在余生继续缓慢生长。

成年后，蜥脚类恐龙可以不惧肉食性的兽脚类恐龙，这可能是推动它们进化出巨大体型的原因。其他恐龙采取了不同的生存策略，比如用尖刺和厚厚的皮肤武装自己，以及过着群居生活。如今，我们可以在犀牛、麝牛和牛羚等大型哺乳动物身上看到类似的"防御工事"。

恐龙因体型庞大而闻名，这虽然变成了衡量其成功与否的标准，但其实只是它们为了生存而采取的一种策略。在缩小体型这一点上，相较于蜥蜴、两栖动物和哺乳动物等，恐龙做得并不好。在整个恐龙大家族中，只有鸟类的祖先缩小了体型，这是一种适应性改变，可能有助于它们在白垩纪末期的大灭绝中幸存下来。

强者陨落　　白垩纪晚期的地球上生活着最具代表性的恐龙，比如北美洲的霸王龙和三角龙，蒙古和中国的伶盗龙，以及南半球的泰坦巨龙，等等。恐龙繁盛了 1.5 亿多年，在白垩纪末期，当一颗小行星撞上现在的墨西哥湾时，几乎所有的恐龙都灭绝了。

由于人类对恐龙的喜爱，研究人员花费了大量时间试图弄清它们是如何灭绝的。一些研究表明，恐龙种群在白垩纪末期就开始衰退，这是基于化石记录中恐龙化石数量明显下降所得出的结论。然而，恐龙化石在世界各地的不规则分布意味着这种解释并不完全正确。有一点是可以肯定的，那就是非鸟恐龙在白垩纪末期灭绝了。

幸运的是，鸟类活了下来，并继续繁衍。它们之所以能幸存下来，可能是源于多种因素的共同作用，比如它们体型小，这意味着它们所需的食物少，而且可以轻易避开危险；羽毛的存在或许有助于它们熬过寒冷的核冬天；幸存下来的鸟类大多是潜水鸟，也许是因为它们的饮食更为多样化；鸟类通常会照顾孵化后的雏鸟，这与蜥脚类恐龙不同，或许也有别于其他恐龙群体，这有可能提高了鸟类在这一生命史上极困难时期的生存能力。

THE EARTH

04
新生代

新生代的意思是"新生命"，不过，这有点用词不当。虽然非鸟恐龙及其爬行动物表亲永远消失了，但几乎所有其他动物类群在新生代到来之前就已出现了。新生代是一个全新的阶段，我们今天所知的许多生物开始大放异彩。新生代有我们熟悉的生物，也有似乎是从科幻小说中走出来的生物。从白垩纪末期那场大灭绝到 260 万年前的这段时间曾被称为第三纪，后来这个术语被新生代的三个时期（古近纪、新近纪和第四纪）取代。我们生活在第四纪，这是至本书写作时仍在延续的最新的一个时期。

在新生代，地球上的大陆逐渐移动至它们如今所在的位置，在地球变得干冷的时期，板块波动使热量短暂上升，促使栖息地和动物发生变化。5 000 万年前，印度板块匆匆向北漂移，穿过印度洋，冲向欧亚板块。当它们碰撞在一起时，冈底斯山拔地而起，直入云霄。而随着印度板块持续向北推进，喜马拉雅山逐渐隆升而起。科学家认为，当这些山峰遭到侵蚀时，全球碳循环随之改变，气候也逐渐变冷。几百万年前，南美洲和北美洲仍被巴拿马海峡隔开，两大洲的种群也处于隔离状态。当地峡像握手一样把它们连接起来时，在此生活的野生动物便共同生活在一起，这一事件被称为"南北美洲生物大迁徙"（Great American Biotic Interchange，简称 GABI）。在这些大陆上，有袋动物和胎盘动物相结合，一种不寻常的嵌合体诞生了。地质变化也对海洋环流造成了影响，强大的太平洋洋流和大西洋洋流将温暖从曾经植物繁茂的南极带走。很快，冈瓦纳大陆就被冰雪覆盖了。

在白垩纪末期，小行星撞击造成的破坏使哺乳动物和鸟类大量死亡，但生命以惊人的速度恢复过来。一开始，哺乳动物是有着复杂血统的生物的大杂烩，很快它们就走上了不同的道路，分化成了食肉类哺乳动物、海洋哺乳动物、有蹄类哺乳动物和灵长类哺乳动物等，以及其他现在已经灭绝的群体，比如像老虎一样的肉齿目动物和大象般的嵌齿象科动物。第一种也是唯一一种会飞的哺乳动物——蝙蝠突然出现在化石记录中，它们的起源至今不为人知。与此同时，鸟类表现不错，最早的企鹅在南部的大洋边缘不断进化，南美洲的骇鸟比两只鸵鸟加起来还要高。虽然植物在短期内受到灭绝事件的严重影响，但开花植物的恢复能力令人惊叹，以它们为食的动物可能获得了生存优势。草本植物是新生代的关键类群，它们塑造了生态系统，给那些植食性动物带来了选择压力，同时也是人类农业文明的基础。

古近纪

6 600万~2 300万年前，地球不断升温，在大约5 500万年前出现了"古新世-始新世极热事件"（Palaeocene-Eocene Thermal Maximum，简称PETM）。

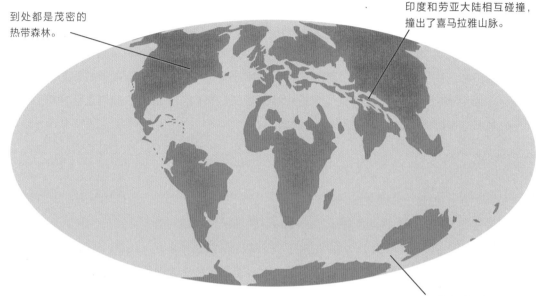

到处都是茂密的
热带森林。

印度和劳亚大陆相互碰撞，
撞出了喜马拉雅山脉。

冈瓦纳大陆解体，南极洲与
澳大利亚、南美洲分离，第
一个南极绕极流形成，致使
南极洲逐渐冷却。

新近纪

2 300万~260万年前，全球气温下降，气候干燥，导致草原扩张。

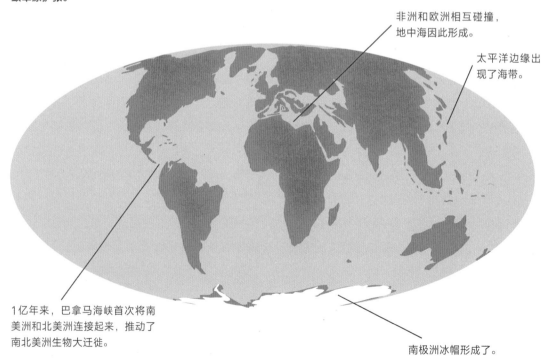

非洲和欧洲相互碰撞，
地中海因此形成。

太平洋边缘出
现了海带。

1亿年来，巴拿马海峡首次将南
美洲和北美洲连接起来，推动了
南北美洲生物大迁徙。

南极洲冰帽形成了。

第四纪冰期

260万～1.17万年前，全球海平面下降，众多海岸线和岛屿露出了水面。

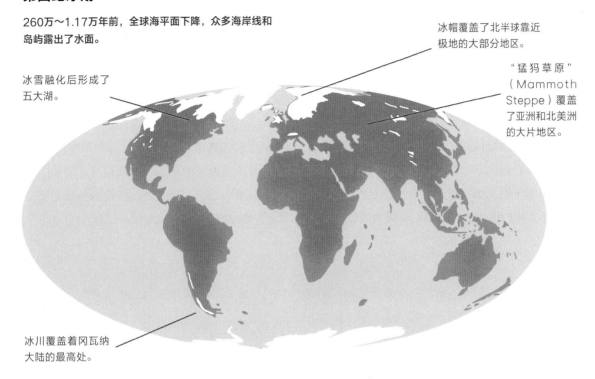

冰雪融化后形成了五大湖。

冰帽覆盖了北半球靠近极地的大部分地区。

"猛犸草原"（Mammoth Steppe）覆盖了亚洲和北美洲的大片地区。

冰川覆盖着冈瓦纳大陆的最高处。

人类世

今天，地球正面临着由人类引起的气候剧变。全球生境不断遭到破坏，生物多样性逐渐丧失。海平面上升威胁着小岛屿和沿海城市。

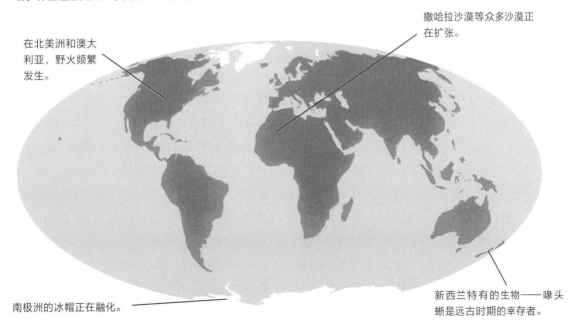

在北美洲和澳大利亚，野火频繁发生。

撒哈拉沙漠等众多沙漠正在扩张。

南极洲的冰帽正在融化。

新西兰特有的生物——喙头蜥是远古时期的幸存者。

古近纪

古近纪持续了 4 300 万年，在此期间，生命从生物大灭绝中恢复过来，我们今天所认识的动物开启了它们的旅程。哺乳动物和鸟类的进化是我们关注的重点，与此同时，陆地上和海洋中的生物也在发生变化，它们既被正在恢复的地球塑造着，同时也在塑造着地球。这个温室般的世界向我们展示了极端的气候变化，以及生物是如何紧密地交织在一起的。

古近纪始于 6 600 万年前白垩纪末期小行星撞击地球之后，一直持续到 2 300 万年前。一开始，地球变暖，大片丛林一直延伸到极地地区。大约 5 500 万年前，全球气温在一次重大的极热事件中达到顶峰，该事件塑造了陆地上和海洋里的生命。茂密的热带雨林曾覆盖多个大陆，到了古近纪末期，随着全球气温不断下降，热带雨林面积迅速缩小。

大西洋继续扩大，海平面下降，海岸线暴露出来，它们的轮廓已经接近现今的海岸线。印度板块从冈瓦纳大陆分离出来，穿过印度洋板块，与欧亚板块发生碰撞，形成了喜马拉雅山脉。这种碰撞一直持续到今天，使喜马拉雅山脉和青藏高原每年升高 0.5 厘米。当这些山峰在古近纪耸入云霄后，它们受到了风雨的冲击，从大气中吸收碳元素。气温急剧上升，这导致气温再次下降，冰雪很快就被"锁"在两极和山顶的冰川上。

在古近纪初期，大自然将幸存下来的动物聚集在一起，开始重建动物世界。一些古老的哺乳动物，也就是现生哺乳动物的第一批成员离开了它们在恐龙时代的栖息地，尝试着探索新的生活方式。鸟类在没有翼龙的天空中翱翔，并在海洋爬行动物已经消失的海洋中徜徉，不过，鲨鱼很快就成为海洋中的重要捕食者。与此同时，企鹅在南半球的海洋中大量繁殖。为了应对古生代初期的高温天气，许多陆生动物的体型都缩小了，比如最早的马和狗差不多大。这种变矮变小的趋势是缘于"伯格曼法则"（Bergmann's rule），该法则指出，动物在寒冷的气候中体重会增加，在温暖的气候中体重则会减轻。这种趋势可能是由多种因素导致的，比如二氧化碳的增加不仅使气温升高，还有可能降低了植物性食物的营养价值，而森林栖息地和稀缺的资源也更适合小型动物。随着气候再次变冷，巨型动物又出现了。

绕极海流

地球上发生的一切相互间都有错综复杂的联系。大陆的移动不仅改变了动物和植物的生存方式，还改变了洋流的方向，影响了世界各地的气候模式。在古近纪，南极洲终于漂离了它的近邻澳大利亚和南美洲。这一事件发生的确切时间尚不确定，不过，在2 000万～4 000万年前，塔斯马尼亚海道和德雷克海峡打开了，为南半球提供了源源不断的水流，这可能是10亿年来的第一次。这就是南极绕极流，它塑造了全球气候和随后出现在地球上的生命。

南极绕极流是世界上最大的洋流，以顺时针方向绕南极大陆流动。它犹如一道海洋屏障，阻止赤道附近的温暖海水漂流下来解冻冈瓦纳大陆。因此，南极洲一直被冰雪覆盖，是地球上最寒冷的大陆。古近纪时南极绕极流的形成是全球气温再次下降的原因之一，这一趋势从那时起便一直持续着。

随着南极洲变成一片冰冻大陆，曾经繁荣又丰富的森林生态系统走向终结，新的海洋资源逐渐形成。在南极大陆以北，温暖的海水与寒冷的洋流相接，将营养物质和浮游生物从海底搅动起来。这促使海洋变得美丽富饶，支持起食物网的蓬勃发展。

今天，成群的磷虾聚集在一起大快朵颐，它们又是鱼类、海豹、企鹅、海鸟和鲸鱼的食物。那些与陆地保持着联系的动物仍然会爬到南极洲的海岸线上，在极端环境中筑巢和繁殖。巨大的南部冰盖不仅对海洋生物产生了深远的影响，也对人类生活乃至整个生态圈产生了影响。多支探险队已经开始探索它们的秘密，冰盖上一直无人居住，驻扎在那里的人都住在边缘地带的小型定居点，通常是为了科学研究而来。

笨脚兽——哺乳动物的混合体

随着核冬天被新生代的春天取代，哺乳动物从洞穴中走出来，重新占领了世界。进入古近纪仅 600 万年后，笨脚兽就开始在热带灌木丛中艰难地穿行。它是哺乳动物中的第一种巨兽，为未来的巨型物种出现开辟了道路。虽然这些巨型物种的亲缘关系至今仍然很神秘，但像笨脚兽这样的动物是我们今天所知的哺乳动物的祖先之一。

6 000 万～5 700 万年前，笨脚兽生活在美国的科罗拉多州和怀俄明州。这种动物长得像熊，体型矮壮，行动笨拙。它的头很小，尾巴特别粗大，在古近纪的密林中缓慢地扭动着身躯。从其牙齿的形状可知，笨脚兽以植物为食，也许它是通过后腿站立来啃食高高的树枝。与古近纪的大多数哺乳动物不同，笨脚兽留下了相对完整的骨骼化石，我们就是通过这些化石认识它的，并对这种先锋植食性动物有了全面深入的了解。笨脚兽和一匹小马差不多大，是当时最大的哺乳动物，也是三叠纪以来最大的哺乳动物。

在白垩纪末期那场大灭绝中，只有少数哺乳动物类群幸存下来。这可能要归功于它们的生物学特性（温血、产奶和有皮毛）和行为（照顾幼崽和挖洞），还有一丝运气。随着大型爬行动物从生态系统中消失，它们的栖息地被那些能够适应这种环境的动物占据。一些哺乳动物曾经很矮小，此时迅速进化出了大骨架和强壮的身体，笨脚兽就是其中的典型代表。在皮毛之下，笨脚兽有一个巨大的骨架。它不属于现生哺乳动物，而是全齿目的成员。全齿目动物在古近纪很繁盛，但在 3 800 万年前灭绝了。它们是后恐龙时代的第一批大型植食性动物，其化石散落在南美洲、北美洲和亚洲。

右图注：笨脚兽属于第一批在古近纪进化的哺乳动物，这些哺乳动物利用周围空白的生态位，开创了"哺乳动物时代"。

在古近纪的前 1 000 万～2 000 万年里，我们今天所知的主要哺乳动物类群都出现了。到了古近纪末期，有史以来最大的陆生哺乳动物出现了，这是一种名为长颈副巨犀的犀牛，生活在欧亚大陆。

巨犀看起来像大象和长颈鹿的混合体，肩高5米，长长的脖子支撑着一个几乎和人头一样大的头骨。从大灭绝中幸存下来的哺乳动物是如何进化为现生物种和巨型动物的？到目前为止，它们的进化路径仍不清晰。

解读古老的骨头　　有时，研究动物化石的古生物学家就是搞不清楚那些化石中的动物是什么。这种情况通常是由于动物的化石太少，研究人员无法揭示其在系统发育中的位置，或者这些动物本身缺乏可用于明确区分彼此的特征。生活在古近纪的踝节目就是这样一个类群，踝节目的成员的关系十分混乱，据信包括马、河马、鹿和牛等有蹄类哺乳动物的祖先。

诸如此类的群体化石被称为"废纸篓"，这指的是各种各样的化石堆在一起的情况，就像把垃圾扔进垃圾桶一样。"废纸篓"群体中的某些成员可能是密切相关的，其他成员之间则可能毫无关联。研究人员一直致力于弄清它们之间的关系，偶尔会有新的发现，进而在混乱中揭开某种生物的神秘面纱。

古近纪的另一个"废纸篓"群体是肉齿目。在5 000多万年的时间里，这些野兽是地球上最可怕的猎手。它们看起来与狗、猫和熊等我们今天所知的食肉目动物很相似，其实两者只是远亲。

肉齿目包括有史以来最大的食肉哺乳动物，比如来自中国和蒙古的裂肉兽，其长度达到了3米。在白垩纪末期那场生物大灭绝后出现的哺乳动物的许多早期分支，以及全齿目和肉齿目的动物后来都灭绝了，目前我们还不清楚它们为什么会灭绝。最终，它们被现代食肉动物取代，后者现在是几乎所有大陆上最成功的食肉动物。

鲸鱼和蝙蝠　　鲸鱼和蝙蝠看起来似乎属于两个群体，其实，它们的共同点比你想象的要多。鲸鱼和蝙蝠都进化出了有别于其他哺乳动物的生活方式。两者都发展出了利用回声定位来狩猎和导航的能力，令人难以置信的是，它们是通过相同位点的基因突变来实现这一点的。它们的进化历程揭示了自然选择背后的惊人机制。

得益于大量令人称奇的化石发现，我们知道了鲸鱼和海豚是从有蹄类哺乳动物进化而来的。鲸鱼和海豚的祖先原本生活在陆地上，大约 5 000 万年前，它们在水中度过的时间越来越长，它们的身体最终适应了水生环境。它们的身体变成流线型，后肢退化或消失，前肢变成鳍状肢，尾巴变平（称为尾鳍），这些变化可以在化石记录中找到证据。毫无疑问，自然选择改变了哺乳动物的身体，使其适应水中生活。

相较之下，由于蝙蝠的骨骼极为脆弱，不易保存，我们对它们的起源几乎一无所知。最古老的蝙蝠化石来自生活在 5 200 万年前的伊神蝠，解剖结构显示它已经完全"蝙蝠化"了。蝙蝠以一种新奇的方式进化出了飞行能力，其张开的手指之间有膜连接。它们现在是哺乳动物中的第二大类群，在传粉和传播种子方面发挥着至关重要的作用，并且通过捕食害虫和以粪便的形式提供肥料来造福人类。

过去，人类很少与蝙蝠接触。如今，随着蝙蝠种群的扩大，我们越来越频繁地与这些不可思议的小动物打交道，自然也就接触到了它们携带的病原体。

威马奴企鹅——鸟类的世界

在古近纪，一片浅海卷起的海浪冲刷着新西兰的海洋。一种名为威马奴企鹅的动物在这片浅海里游动，它们是世界上最早的企鹅。其骨骼的化石很稀少，却帮助我们拼凑出了鸟类在生物大灭绝中幸存下来的故事。鸟类不断繁衍和进化，如今已形成规模令人惊叹的物种群，从南美洲的巨型杀手到地球上最"多产"的鸟类，后者就是那些会咯咯叫的鸡。

威马奴企鹅和帝企鹅差不多大，腿短而结实，翅膀小而有力。它有一个狭长的喙，当它站着时，身体一般是挺直的。它的脚有蹼，非常适合划水。威马奴企鹅和稍小的后威马奴企鹅是有化石记录的最古老的企鹅，它们在 6 000 万年前进入了现在的新西兰海域。当时的新西兰已经与澳大利亚和南极洲隔绝，这种隔绝使其拥有了独特的动植物，这个国家也因此成为当今世界生态领域的奇异之地。威马奴企鹅的重要性在于它告诉了我们鸟类的进化过程。通过研究威马奴企鹅的化石，并结合对现存鸟类的 DNA 分析，研究人员发现，现代鸟类是在白垩纪末期那场生物大灭绝前后出现的。威马奴企鹅的属名"*Waimanu*"来自毛利语，意思是"水鸟"，由此看来，正是因为适应了在水边生活，威马奴企鹅在面对最糟糕的情况时才有可能存活下来。

现在，世界上大约有 20 种企鹅，几乎都生活在南半球。虽然这些企鹅与南极洲有关联，但它们中的大多数居住在南极洲以北的海岸，有一种甚至生活在赤道附近的加拉帕戈斯群岛。世界上有数百种海鸟，企鹅是少数几种可以生活在水下和陆地上的海鸟之一，但它们不会飞。企鹅在水中游动时优雅而迅捷，一生中大约有一半的时间在海滩、岩岸和冰山上休息与繁殖。现存体积最大的企鹅是帝企鹅，身高超过了 1 米，体积最小的是小蓝企鹅，只有 33 厘米高。许多种类的企鹅都灭绝了，包括一些巨型物种。

右图注：这幅古老的版画所描绘的"巴塔哥尼亚企鹅"是现代企鹅的一种，现代企鹅的祖先的出现可以追溯到古近纪初期，它们的化石为白垩纪~古近纪大灭绝后鸟类的出现提供了线索。

在威马奴企鹅出现的 2 300 万年后，厚企鹅也开始在新西兰海域觅食。它的身高约为 1.6 米，是有史以来最大最重的企鹅。再往南一点，南极洲的古冠企鹅高达 2 米，生活在大约 3 500 万年前。为了适应水下生活，企鹅进化出了比其他鸟类更密集的骨骼，正因如此，它们的化石大量存在于化石记录中，并揭示了鸟类的进化过程。

羽毛皇冠　　我们已经知道鸟类是恐龙的后代，但现生鸟类的起源仍然是个谜。它们纤细的骨骼中充满了空气，可以轻盈地飞行，这意味着它们的骨骼很难经受住化石化作用过程中的剧烈颠簸。对现生鸟类 DNA 的研究表明，它们的共同祖先在白垩纪就已经出现。

最古老的鸟类分支是鸡雁小纲和古颚类（包括美洲鸵、鹬鸵和象鸟等鸵鸟的亲属）。其他物种都属于新鸟，其中一半以上是鸣禽。这些鸟类被统称为"冠群鸟类"，表明它们构成了鸟类系统发育树的"冠"。自白垩纪末期那场大灭绝以来，鸟类的数量与哺乳动物相当，甚至超过了哺乳动物，而且在几乎所有生境，它们的数量都可以轻松超过哺乳动物。

现今世界上有 1.1 万多种鸟类，小到微小的吸蜜蜂鸟，大到巨大的鸵鸟。鸟类无处不在，连横跨全球的海洋上也有它们的身影。在所有鸟类中，翼展最长的是信天翁，达到了惊人的 3.7 米。猎隼则是世界上速度最快的脊椎动物，能以每小时 320 千米的速度俯冲向猎物。

如今，最常见的鸟类是家养的鸡，人类饲养了大约 240 亿只鸡。大多数鸟类都有极佳的视力，甚至能看到紫外线。它们的呼吸系统与人类的不同，其骨骼中有一个充满空气的网络。它们每次吸气时，大约 1/4 的空气进入肺部，其余的则进入气囊。这些特征为我们从生物学的角度了解它们的恐龙祖先提供了线索。

象鸟　　虽然我们把新生代称为"哺乳动物时代"，但鸟类也创造了属于自己的进化奇迹，不同的鸟类大小不一，生活方式也各不相同。这些鸟类包括已知世界上存在过的最大的"冠群鸟类"，已经灭绝的象鸟。象鸟像一只巨大的鸵鸟，它傲然挺立，身高达到了 3 米。早期的旅行者说象鸟用爪子抓着大象，但其实象鸟并不会飞。它可能以森林里掉落在地的树叶和果实为食。令人惊讶的是，象鸟不是鸵鸟的近亲，其与新西兰的鹬鸵关系更为密切。象鸟和鹬鸵生活在不同的岛屿，是当地的特有物种，在其他地方都找不到。它们在与世隔绝的情况下进化出了独特的外表和生活方式。几千年前，人类踏上了马达加斯加，他们不仅猎杀象鸟，还吃掉其西瓜大小的蛋，致使象鸟数量锐减并最终灭绝。

巨型鸟类的栖息地并不局限于南半球的小岛。古近纪时的南美洲出现了一种名为骇鸟的巨型生物，它可以与侏罗纪时的恐龙一较高下。这种不会飞却又长着羽毛的潜行者的身高在 1 米到 3 米之间，强壮的腿使其能够快速奔跑。与头小的象鸟不同，骇鸟的头骨很大，喙又大又尖。研究人员认为，它会用又大又尖的喙刺穿猎物并将其撕碎。

体型较大的鸟类在 200 万年前就灭绝了，可能是由于南美洲和北美洲连接在一起时，北美洲的哺乳动物捕食者大量涌入南美洲。一些较小的鸟类存活下来，可能一直延续到了 1.8 万年前。

有孔虫——讲述环境的故事

有孔虫那复杂的壳像微型艺术品一样点缀着海洋。这些单细胞生物化石是世界上最丰富的微化石。有孔虫经历了多次生物大灭绝，在漫长的时间里低声讲述着气候变化和环境的故事。

有孔虫是极小的有壳生物，大多不到 0.1 毫米长。它们中的大多数都有一个壳，这个壳中有一个或多个"室"，有的由岩石颗粒或其他贝壳胶黏而成，有的像蜗牛的壳那样从有孔虫的身体上长出来。这些壳可能是螺旋状的，或者具有复杂的对称性，表面可形成米粒般的管状、椭圆形或爆米花状的图案。壳的表面有的装饰着刺或脊，有的像砂纸一样粗糙。在复杂生命诞生之初，有孔虫就很常见，它们对于我们了解新生代的地层特别重要。科学家也通过其他海洋生物（如三叶虫和菊石）来研究地层，但这些海洋生物在白垩纪末期就灭绝了，仅有孔虫存活下来并继续繁衍。有孔虫的形状以及不同物种与其所处的环境之间的关系已经得到确认，对环境和气候变化来说，它们是一个极好的指标。

有孔虫属于一个名为原生动物的类群，这个类群还包括放射虫和变形虫等。原生动物虽然具有动物的特征，比如移动能力和吃掉其他生物的能力，但严格来说，它们既不是动物，也不是植物。许多原生动物与藻类形成了合作关系，通过光合作用从阳光中获得能量。有孔虫一共有大约 4 000 种，大多数生活在海底（底栖），少数漂浮在水中（浮游），有几种则生活在淡水甚至土壤中。底栖有孔虫利用身体上的突起（称为伪足）在海床上移动，或依附在海床表面进食。一些有孔虫生活在沉积物中，即使是在地球上最深的地方——太平洋中的马里亚纳海沟里也有它们的身影。在热带地区和赤道附近，海洋上升流搅起了营养物质和食物，有孔虫在此大量聚集。许多有孔虫以水中漂浮的食物颗粒为食，也有少数是捕食者，以同类为食。

右图注：图中展示的是有孔虫化石和其他小型生物，它们揭示了过去的气候和海洋环境。

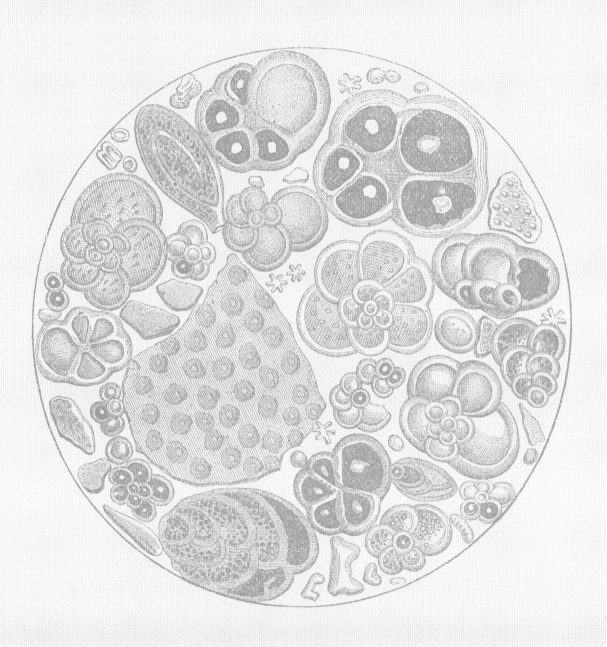

有孔虫是节肢动物、鱼类和鸟类的猎物，后者是海洋食物网的重要组成部分。有孔虫虽然体型微小，但它的化石记录了地球的历史。

讲述地球的变化

通过这些微小的生物化石包含的关于过去的信息，有孔虫已经被证明对于重建远古时期的气候非常关键。不同的有孔虫可以告诉我们其所处的海洋环境是什么样的，它们的化石可用于进行同位素和微量元素分析，这些元素的变化取决于地球的碳循环、温度和大陆的风化。有孔虫对海洋酸化和气候变化特别敏感。

在深海钻探工程中，人们从海底取出了数以千计的岩芯，以检查有孔虫化石，并确定石油和天然气的储量。一个可以追溯到数百万年前的全面的地球纪录由此形成。

由于有孔虫用海水中的矿物质建造外壳，其化石就像时间胶囊一样，充满了过去不同时间点的海洋的"味道"。例如，当构造板块抬升形成山脉时，山峰会被雨水冲刷，其中的化学物质被冲进海洋，并融入有孔虫的壳。因此，有孔虫为全球范围内发生的变化提供了证据，证明了这些变化不仅发生在海洋中，也发生在陆地上。考古学家甚至利用有孔虫来追踪古人使用的材料，将地层中的有孔虫化石成分与这些材料的成分相匹配。

气候适宜期

目前，全球气候特别凉爽，事实上，我们正处在一个间冰期，只是两次冰期之间的一个休息点。在古近纪，地球比今天要温暖得多，尤其是在 6 600 万～3 400 万年前。古新世-始新世极热事件标志着 5 500 万年前全球气温所达到的一个峰值，当时的地球非常温暖，南极洲上都出现了鳄鱼和棕榈树。

科学家认为，这种升温是由北大西洋的火山喷发造成的，而火山喷发是由欧洲和北美洲之间的构造板块分裂引发的。这些火山留下的痕迹散落在爱尔兰、苏格兰、法罗群岛和挪威的海岸线上，例如，爱尔兰的巨人堤是一根由冷却的熔岩形成的玄武岩柱。火山喷发向大气中排放了数千亿吨二氧化碳，导致全球变暖。这可能触发了正反馈机制，深海中的甲烷被释放出来，致使温度进一步升高。

作为理解人类引起的气候变化造成的影响的一个模型，古新世-始新世极热事件的重要性不言而喻。有孔虫化石记录表明，在古新世-始新世极热事件中，深海也酸化了，在短短 1 000 年里，50% 的底栖有孔虫灭绝了。在 2 万年的时间里，全球平均气温升高了大约 6℃，上升速度之快令人震惊。虽然全球气温会自然波动，但突然的变化通常会对动物和植物造成毁灭性的影响，它们几乎没有时间来适应这种变化。

如果目前由人类引起的气候变化持续下去，发展速度将比古新世-始新世极热事件快 100 倍，有人估计，最早在 2100 年，目前的全球气温就将升高 6℃。由于时间短无法做出反应，地球上的生命将会面临着一场毁灭性的大灾难，远比历史上其他灭绝事件更为严重。

蚂蚁——社会性昆虫

　　勤劳的蚂蚁取得的成就是惊人的。它们建造大型巢穴，改造栖息地，并与其他昆虫和植物建立了一系列令人难以置信的亲密关系。在古近纪，蚂蚁成为地球生命的基石；现在，在一些热带栖息地，它们占据了生物量的1/4。对蚂蚁的研究改变了我们对自然选择的理解。

　　在每个大陆和大多数岛屿上，我们都能找到蚂蚁。它们组成的小军团横扫森林，入侵民宅，建造堡垒，几乎可以与人类匹敌。蚂蚁虽然个头小，但数量惊人，这意味着它们能够共同击败与它们一起生活的动物。在一个生态系统中，尤其是在雨林中，蚂蚁的生物量在生物总量中的占比甚至可能高达1/4。它们会松土，让土壤透气，并能像蚯蚓一样有效地回收养分。它们既是多产的捕食者，又是植食性动物大军。由于其独特的社会生活方式，蚂蚁不仅能适应大多数气候，还能改变周围的环境。我们今天所知的主要蚂蚁群体都是在古近纪形成的。正是在这个时期，它们在地球上的生态系统中占据了关键的位置。

　　蚂蚁与黄蜂、蜜蜂有亲缘关系，人类虽然经常将其与白蚁混淆，但两者属于昆虫的不同分支。如今地球上有1.3万多种蚂蚁，其中包括比藜麦粒还小的物种。蚂蚁的化石记录极为丰富，虽然最古老的蚂蚁化石是在白垩纪的琥珀中发现的，但蚂蚁可能诞生于侏罗纪。在古近纪，温暖的气候造就了像巨蚁这样的庞然大物，它们生活在北美洲和欧洲，体型和蜂鸟一样大。

右图注：世界上有1.3万多种蚂蚁，其中包括像巨首芭切叶蚁这样的切叶蚁（中上），以及蜜蚁中的膨胀弓背蚁（左下，呈球状）。

　　蚂蚁那弯曲的触角极为独特，可以探测气味、气流和振动。有些蚂蚁视力超群，少数生活在地下的蚂蚁则完全失明。大多数蚂蚁都非常强壮，两个强大的下颚可以搬运物品、建造巢穴，以及用作战斗的武器。

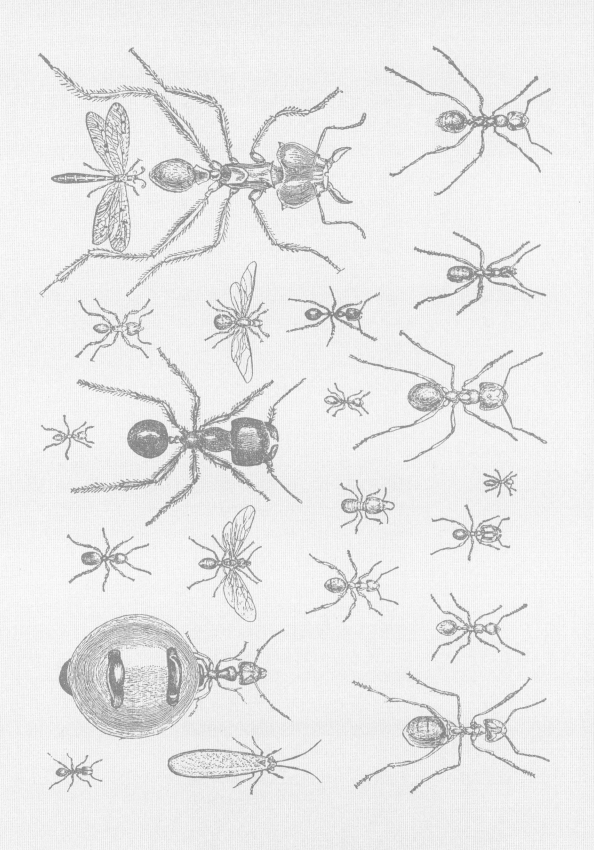

蚂蚁种群有大有小，小的只有很少的个体，大的则包含了数百万只蚂蚁。较大的蚁群中通常有严格的等级，包括工蚁、兵蚁，以及一个或多个能够生育的蚁后，有些蚁后的寿命可以长达 30 年。这些群落是一体化的，本身就是独立的超级有机体。蚂蚁的生物学特征有助于我们理解进化，尤其是亲属选择和合作。自出现以来，蚂蚁逐渐成为主要的昆虫捕食者和食腐动物，并与包括植物、真菌和微生物在内的其他生物建立了数千种复杂的关系。

复杂的蚂蚁社会

通常来说，蚂蚁会占领一个地方并筑巢，不过，并非所有的蚂蚁都过着这样的生活。寄生蚁会进入宿主的巢穴，并利用宿主来获取资源。蓄奴蚁则捕获其他蚂蚁的受精卵或工蚁幼虫，并将它们纳入自己的蚁群。最著名的也许是行军蚁，它们像海啸一样横扫整个栖息地，并攻击挡在它们面前的所有东西，哪怕是人类。

蚁群的分工非常明确，所以它们能够解决单只蚂蚁无法解决的问题。如果遭遇洪水，它们会喝下巢穴中的积水并排泄到外面，或者组成救生筏漂浮到安全地带。有些蚂蚁用自己的身体在复杂的地形上架起桥梁，让同伴们穿过。它们可以在离巢穴 200 多米的地方觅食，并循着信息素的气味返回巢穴。工蚁会沿着这些路径将食物搬运回来，太阳的位置和地球的磁场是额外的向导。

蚂蚁通过气味、触觉和声音进行交流，受到攻击时通常会释放一种报警信息素，巢穴里所有接收到报警信息素的蚂蚁会立即进入防御状态。许多蚂蚁会喷射化学物质或蜇人，据说相比其他昆虫，子弹蚁的蜇刺带给人的痛苦是最强烈的。尽管如此，食蚁兽、针鼹、穿山甲和袋食蚁兽等哺乳动物仍然进化出了捕食蚂蚁的特殊技能，比如它们拥有长而黏的舌头、强壮的前肢和爪子，可以闯入蚁穴。

最早的农民

人类认为自己最早发展了农业，其实蚂蚁比人类早了 6 600 万年，甚至更久。有几种蚂蚁会养殖其他昆虫以获取蜜露，比如以植物为食的蚜虫会分泌含糖的液体，蚂蚁会喝下这种甘露，保护那些蚜虫，使其免受捕食者的伤害，并照顾它们，就像牧羊人照顾羊群一样。当蚂蚁转移到新的巢穴时，它们甚至有可能把蚜虫带走。

与之类似的是，有些蚂蚁会饲养毛虫，白天把毛虫放出去，让它们吃自己喜欢的植物，晚上再把它们带回安全的蚁穴里。这种行为可能为蚂蚁的社会性进化提供了一条路径，因为它们必须共同保护食物来源。

诸如切叶蚁等其他种类的蚂蚁会切割和收集树叶，并把它们带回蚁群的"菜园"。在那里，蚂蚁把树叶切成非常小的碎片，用来培养真菌，而真菌是它们的主要食物来源。

与农民一样，蚂蚁会打理自己的"菜园"，清除对"作物"有毒或有害的东西。蚂蚁的身体表面甚至藏有细菌，这些细菌能产生抗生素，杀死对真菌有害的微生物。蚂蚁和真菌需要依靠彼此以生存下去，在很多情况下，真菌无法在蚂蚁的"菜园"外生长，从本质上说真菌变成了一个驯化物种。在一个生态系统中，切叶蚁群收集的树叶可以占到所有动物食草量的15%。

有些植物依靠蚂蚁来传播种子，或者让蚂蚁保护它们，以避免被动物吃掉。中美洲的牛角相思树长着中空的刺，蚂蚁会寄生在刺中，保护树木免受寄生藤蔓的侵害和植食性哺乳动物的啃食，以换取庇护所和食物。柠檬蚂蚁喜欢在柠檬蚂蚁树上筑巢，并杀死树周围的所有植物。这种行为直接塑造了生境。

新近纪

新近纪上承古近纪，下启第四纪，一共持续了 2 000 多万年。在新近纪，巨大山脉的隆起改变了地球气候，全球气温下降，草原不断扩张。最早的马在草原上驰骋，海浪下的海藻森林不断扩张，为第一批在海岸边觅食的人类提供了食物。

新近纪始于 2 300 万年前，结束于 260 万年前。大陆到达了它们现在所处的位置，但由于海平面的变化，大陆的海岸线并不总是一样的，有时会比今天高出 20 米。虽然自古近纪以来气温不断下降，但直到新近纪末期，气候仍比今天暖和。此时的地球还不是我们所熟知的这个世界。极地冰帽正在形成，海平面随之缓缓下降，曾经孤立的大陆之间的陆桥暴露出来。动物们迁移到新的地方，并与当地的动物展开竞争，严重破坏了当地的生态系统。特提斯海最终关闭，将非洲和欧洲连接起来，形成了地中海。在新近纪末期，海平面急剧下降，地中海多次干涸。

地球上的气候和环境在新近纪发生了根本性的变化。沙漠在中亚、撒哈拉和南美洲部分地区不断扩张，澳大利亚也随着降雨减少而变得干燥。在这个干燥又寒冷的世界里，热带森林逐渐缩小，取而代之的是草原，在这之前，草原只是地球上的植物群的一小部分。广袤的大草原与马、羚羊和大象等植食性动物一同发展。猫、狗和它们的亲属成为陆地上的主要食肉动物，像巨齿鲨这样的巨型鲨鱼则与新出现的鲸鱼和海豹物种共享海洋。在海洋中，第一批海藻森林不断扩张，形成了地球上最富饶的栖息地。

南北美洲生物大迁徙

在大约 1 亿年的时间里，南美洲一直处于孤立状态。它与非洲分别位于不断扩大的大西洋的两端，并被一条位于赤道附近且名为巴拿马海峡的海道与北美洲隔开。正因如此，南美洲的动物与北美洲的动物分离。南美洲的植物和动物的进化路径十分独特，其中包括有袋动物。大约 300 万年前，在新近纪末期，巴拿马海峡关闭，北美洲和南美洲自白垩纪以来第一次连接起来。

动物和植物开始在两个大陆之间迁徙，这一事件被称为"南北美洲生物大迁徙"。马、貘和骆驼等有蹄类哺乳动物，以及猫科、犬科和熊科动物南下进入南美洲。与此同时，南美洲的动物向北扩散，其中包括水豚和犰狳，以及地懒和骇鸟等已经灭绝的生物。南北美洲生物大迁徙是古生物学和生态学中最重要的课题之一，通过研究这一事件，我们得以详细了解动物群体的隔离和迁入带来的影响。作为物种进化现象的共同发现者之一，阿尔弗雷德·拉塞尔·华莱士首先讨论了这个问题，他曾在亚马孙盆地待过一段时间。

虽然在两个方向上迁徙的物种或多或少达到了平衡，但从长远来看，北美洲的动物表现得比南美洲的动物要好。人们认为，直接竞争和气候变化的共同作用让北美洲的物种获得了生存优势。对向南迁徙的动物来说，栖息地的变化较小，相较于那些向北迁徙的动物，它们面临的挑战可能更小。对于南北美洲生物大迁徙，虽然仍有许多问题等待解答，但这一事件塑造了我们今天在美洲看到的物种生存模式。

万物相连

我们知道栖息地在几百万年的时间里发生了变化，在离我们更近的地质时期所发生的栖息地的变化情况往往会更加清晰地展现在我们面前。在研究新近纪时，研究人员可以将新的生态系统，比如草原和海藻森林的出现和扩张与全球范围内发生的事件联系起来。在新近纪，有一些令人难以置信的事例说明了板块构造是如何影响整个世界的。巴拿马地峡的形成，既连接起了南北美洲，在这两个地块之间架起了一座桥梁，也在两个大洋之间竖起了一道永久的屏障。来自太平洋的暖流无法再流入大西洋，进而引发了冰期。同样，当印度次大陆向北漂移并撞上亚洲时，地球上的海洋和大气流发生了改变，催生了一个新的气候周期，即季风。从 7 月到 9 月，富含水分的云团从阿拉伯海和孟加拉湾向北飘过陆地，可到达中国的大江南北。喜马拉雅山脉阻挡了云团前进的道路，云团被迫向上移动，进而释放出大量雨水。印度约 80% 的降雨来自季风，该国的农业在很大程度上也依赖于季风。

出人意料的是，季风和不断升高的喜马拉雅山脉对世界其他地区也产生了影响。当水流过喜马拉雅山脉时，它会从大气中吸收二氧化碳，并与岩石中的硅酸盐发生化学反应，这一过程被称为硅酸盐风化。大气中的二氧化碳减少，使地球进一步冷却。随着安第斯山脉沿着南美洲西海岸被推高，类似的过程也发生了。科学家认为，从新近纪末期到第四纪，主宰着生命的冰期就是由这些变化引发的。

禾草——动物生活的塑造者

禾草是人类文明的基础，为世界上数十亿人提供了食物。禾草生长在每一片大陆上，为地球上 2/5 的陆地披上了一层绿毯。在新近纪，出现了世界上最早的大草原，并且其中的禾草改变了依赖它们的动物的生理特征。从我们喜爱的门前草坪到大规模种植的单一作物，人类与草的关系不仅塑造了我们的过去，而且在可持续发展的未来将发挥重要作用。

禾草是如此寻常，我们往往会忽略它，但这些植物目前覆盖了地球陆地表面近 40% 的面积。从潘帕斯草原到新大陆北部草原，从干草原到稀树草原，草在现代生态系统的形成过程中起着基础性作用。在新近纪，随着气候变冷，禾草开始扩张，第一次主宰了世界上的大部分地区，并塑造了依赖它们的动物。尽管如此，由于其化石记录通常仅限于花粉等微体化石，关于这种辉煌的绿色植物的起源和进化仍有许多未解之谜。

禾草的形状很独特，有着直立中空的茎和长而坚韧的叶子，叶子又平又尖。花朵形成小穗，依靠风媒传粉，而花粉是让人类患上花粉症的罪魁祸首之一，花粉症的起因是人类对植物花粉的过敏反应。禾草随处可见，在格陵兰岛和南极洲也有它们的身影。南极毛草不仅能忍受极寒天气，而且随着全球变暖，它还在向极地扩散。

回顾过去，在地球的大部分历史中，禾草是不存在的。最古老的禾草化石可以追溯到白垩纪，在白垩纪陆地革命期间，它与其他开花植物一起出现。早期的禾草可能并不常见，或许生长在森林边缘或阴凉处，今天的一些禾草（如竹子）仍然很享受这种环境。禾草之所以能在新近纪大获成功，是因为它们能迅速适应干燥、开阔的栖息地，而且具有很强的抗旱性。

右图注：这 5 种植物都属于禾本科，其中包括鸡脚草、羊茅和洋狗尾草。它们的成功传播与全球气候变化，多种植食性哺乳动物和人类社会的出现有关。

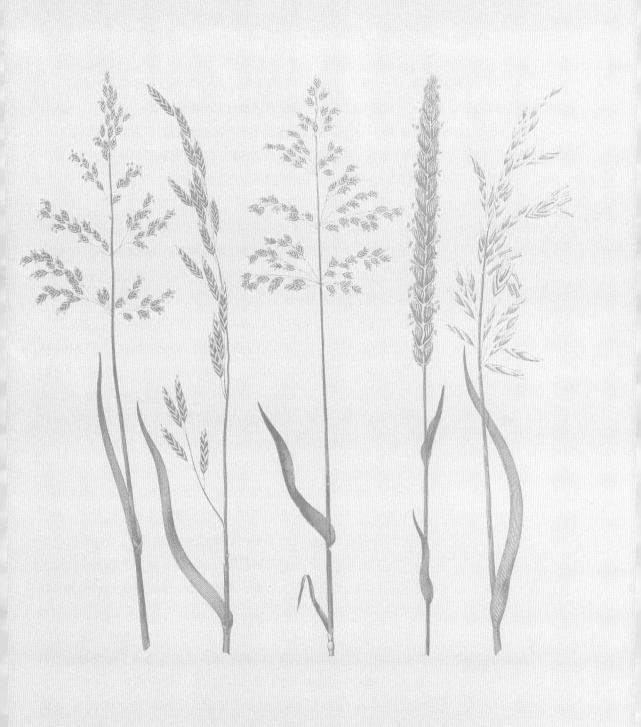

世界上大约有 1.2 万种禾草，它们是被子植物的第五大科。人类的主食都来自这个慷慨的群体，我们消耗的能量有一半以上来自它们。禾草可以用来喂养牲畜，竹子、稻草和茅草可以用作建筑材料，禾草还是一种燃料，可以用来生火或制作生物燃料。禾草在塑造动物的身体方面发挥了更重要的作用。禾草与植食性哺乳动物关系密切，这可以从它们各自为了适应环境而做出的改变看出来。禾草改变了地球上的游戏规则，也改变了那些生活在大陆上的动物。

与动物关系密切

自从草在白垩纪出现以来，它们就和植食性动物相互依赖。随着时间的推移，树木和其他植物作为植食性动物的食物来源取代了禾草，但植食性动物会践踏和吃掉草的竞争对手。禾草的根部在土壤下方，很容易逃过饥饿的兽群、野火和人类的割取。我们之所以知道白垩纪的蜥脚类恐龙可能以禾草为食，要归功于它们的粪便化石，其中包含着禾草的微化石，即植硅体。植硅体是由二氧化硅构成的，其中一些非常锋利，可以割伤动物的皮肤。为了抵御这种损害，植食性哺乳动物进化出了长长的牙齿，牙齿上覆盖着牙釉质和复杂的沟壑，所以具有弹性。牛、马、大象、兔子和啮齿动物都有这种牙齿。有意思的是，大象和植食性有袋动物在成年后会定期更换臼齿。

草原环境也对哺乳动物的外形产生了巨大影响。诸如马和鹿等有蹄类哺乳动物进化出了长长的四肢，手指和脚趾的数量减少了，四肢关节从前胸向后背移动，而不是向身体的一侧摆动。这些适应性改变提高了运动的效率，使它们能够跑得更快更远。由于兽群季节性地在草原上迁徙，它们更容易受到捕食者的攻击，所以速度和耐力关乎它们的生存。

人类的主食

禾草是人类的主要粮食。人类吃禾草的最古老的证据可以追溯到大约 10.5 万年前的莫桑比克，在世界各地，人类最晚从 1.15 万年前就开始种植小麦、水稻和玉米。有证据表明，在 7 700 年前的中国，人们就在现今杭州附近的沿海湿地种植水稻，而在同一时期的墨西哥，人们驯化了野生的类蜀黍属植物，玉米由此诞生。这些谷类作物经驯化后产量大大提高，远远超过了其野生祖先。

密集且单一的农业耕作对大自然产生了严重的负面影响。栖息地和生物多样性丧失了，杀虫剂和化肥不仅损害了野生动物，还污染了水道，昆虫数量也大幅减少。农业消耗了全世界大约 70% 的淡水。生产 1 千克粮食需要 1 000 升水，如果这些粮食被用来喂牛，水资源消耗量就更大了，相当于 4.3 万升水只能生产 1 千克牛肉。

如今，世界各地都存在水资源短缺的问题，超过 10 亿人无法获得足够的饮用水。由于未来水资源会进一步短缺，人们正在积极采取农业节水措施，并培育甚至改造可以在极端缺水的环境中生长的作物。

与食物一样，现代草坪也正消耗着大量水资源，无论是高尔夫球场还是你家门口的那块草坪。世界上的某些地方不适合种植这种草皮，人们需要用大量的水来维护它，这在一定程度上加剧了水资源短缺。人类以谷物为食是这种植物成功生存下来的一个案例，长期以来，禾草一直利用哺乳动物在世界各地传播。然而，不断积累这种植物资源的弊端正在显现，促使人们重新思考这种塑造世界的奇妙植物在可持续发展的未来中的作用。

草原古马——马的进化

草原古马是较早的副马属动物的后裔。马从小狗般大小的动物转变为推动人类在世界各地扩张的伟大动物，在动物生理结构和栖息地之间的联系方面，它们是一个教科书般的例子。它们系统发育树的茂密分支提醒着我们，自然选择并没有明确的最终目标。

在新近纪，我们所熟知的马类出现了。草原古马比设特兰矮种马大不了多少，生活在 1 600 万～500 万年前的北美洲，当时草原栖息地正在取代大片的森林。草原古马的肩高只有 1 米，但在新近纪的大部分时间里，它都是最高的马。它具有我们今天在马身上看到的特征，比如独特的长脸、高高竖起的耳朵、长长的脖子和细长的腿。草原古马的重要性体现在它是最早完全适应吃草的马之一。它的臼齿很宽，有足够大的表面积和大量的牙釉质，所以又被称为高冠齿，这种牙齿能够承受富含二氧化硅的草叶造成的严重磨损。草原古马虽然仍有明显的第二趾和第四趾，但中趾承受着身体的重量，并有强大的韧带支撑，所以它非常适合在开阔的草原上奔跑。

马是一种有蹄的哺乳动物，其与斑马、犀牛、貘都属于奇蹄目。这些动物都是用第三趾，也就是中间的脚趾来支撑身体的重量。以马为例，除第三趾以外的脚趾几乎从它们身上消失了。与奇蹄目相对应的是偶蹄目，其中包括鹿、猪、长颈鹿、美洲驼、骆驼、羊和牛，它们用第二趾和第三趾来支撑体重。脚趾变少和腿部拉长是马对新近纪不断扩张的干旱草原的一种适应。

现代马在过去的 100 万年里出现，起源于北美洲，从地史学的角度来说是相对较晚出现的。最大的现生野生马是细纹斑马，高约 1.4 米，而像克莱兹代尔马这种驯养的役用马的高度可以超过 1.9 米。马大多长着鬃毛，尾巴上还有长长的毛。斑马具有独特的皮毛图案，其醒目的黑白条纹可以防止昆虫叮咬并迷惑捕食者。

右图注：草原古马的头骨具有典型的"马式"长脸和宽大的臼齿，这种牙齿非常适合用来磨碎草。

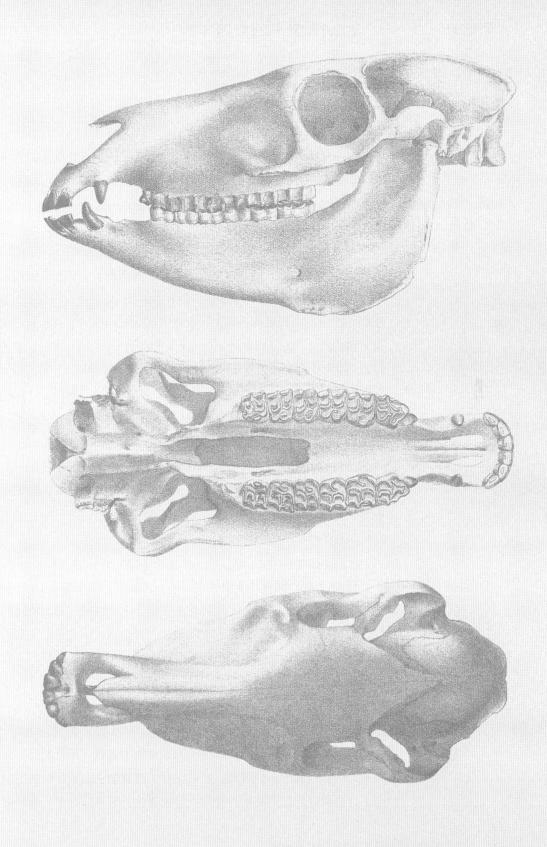

大多数马都是群居动物，一个种群通常由一只公马和一只母马以及它们的后代组成。马的进化对人类来说尤为重要，人类依赖马的历史已有 5 000 年之久，时至今日人们依然将马力作为汽车发动机动力的衡量标准。

渐进式进化　从矮小的森林居民到我们今天所知的高大强壮的动物，马的进化并不是从祖先到现代物种的线性过程，在其进化历史的不同阶段出现了许多不同种类的马，而其中大多数后来都灭绝了。这个类群的祖先是像始祖马这样的生物。始祖马生活在大约 5 500 万年前的北美洲，和狐狸差不多大，腿很短，脚上有五趾。现今的马都属于真马属，其成员还包括野驴、野马和斑马。对这些动物的 DNA 的研究表明，它们都可以追溯到大约 500 万年前新近纪末期的一个共同祖先。

当欧洲人到达美洲时，他们并没有发现野马的踪迹，但马曾经确实生活在这个大陆上。关于马的起源的线索最早来自 18 世纪在美洲发现的马化石。在乘坐"贝格尔号"（Beagle）巡洋舰环游世界期间，达尔文在巴塔哥尼亚发现了马的牙齿化石，同时发现的还有已经灭绝的雕齿兽，这令他感到十分震惊。人类的捕猎和冰期的气候变化可能导致了马在美洲的灭绝。

在 19 世纪，随着越来越多的马化石被发现，马的进化之旅逐渐成为动物进化过程的代表，也即进化过程是一个连续的过程，当时的人们认为，动物通常从一种形式进化到另一种形式，朝着一个明确的最终目标前进。但现在我们知道，所有动物的进化都不是这样的，有些动物在进化过程中就灭绝了。动物没有最终目标，只是适应不断变化的生态条件。

马的驯化　如果说有一种哺乳动物改变了人类文明的进程，那就是马。几千年来，人类一直为它们着迷，早在 3 万年前就把它们画在洞穴里的岩壁上，并猎杀它们以获取肉和皮。马被驯化的最早证据来自哈萨克斯坦，那里的马在 5 000 多年前的博泰文明中占据着关键地位。博泰人除了骑马之外，陶器上的马奶痕迹表明他们还饲养马，这些马可能是从欧亚大陆上的野马驯化而来的。

在大约 4 000 年前，人类开始使用马匹来拉战车。自那之后，驯养的马迅速传入欧洲、非洲北部和中国，除了供人骑行，它们在战争、耕作和建造中还会充当运输工具。几千年来，马和牛一直是主要的役畜，能够拉动两倍于自身体重的东西，负重可达 100 千克。人们骑着马可以快速跑完一段很长的距离，一天可以跑 160 千米，在短距离内则能达到每小时 56 千米左右的速度。

现代马的祖先是其所属类群的唯一幸存者。北美野马等所谓的"野马"如今生活在美洲、中亚和大洋洲等地，通过分析它们的 DNA，我们知道这些马都来自驯化的野马。

亚洲的普氏野马被认为是真正的野马，不过，通过博泰文明的考古发掘和研究，人们发现它的基因与家马的基因有相似之处，这表明它是逃脱的家马的后代，而不是真正意义上的野马。

喙头蜥——独特的幸存者

　　喙头蜥是曾经遍布全球的一个爬行动物群体中最后的幸存者。这种浑身布满疙瘩的生物是新西兰稀有而独特的物种之一，也是冈瓦纳大陆的时间胶囊。通过研究这种令人难以置信的动物，我们了解了喙头蜥曾经的分布情况，其生物学特性也让我们得以一窥远古生物的进化模式。喙头蜥经历了几千年的地质和气候变化，如今因栖息地丧失和外来物种入侵而面临着灭绝的危险。

右图注：喙头蜥虽然看起来像蜥蜴，但其实属于曾经居住在地球上的古老而独特的爬行动物类群，并且是这个类群的唯一幸存者。

　　喙头蜥是一种仅见于新西兰的爬行动物。它看起来像蜥蜴，四肢从体两侧伸出，皮肤呈灰褐色，背部覆有黄色的鳞片。它可以长到大约80厘米长，背上有一排像尖桩篱笆的棘，在毛利语中，其名字的意思是"带刺的背"。喙头蜥虽然有耳朵，但没有耳孔，眼睛很大，几乎是全黑的。人们可能会误以为它是蜥蜴，其实这种独特的生物是另一个古老的爬行动物类群的唯一幸存者，这个类群在地球上曾繁盛一时。

　　喙头蜥属于喙头目，而喙头目是一个与有鳞目动物（包括蜥蜴和蛇）有着共同祖先的爬行动物类群。这两个支系在2.4亿年前的三叠纪分离。最古老的喙头目动物化石出土于德国，这些动物曾经生活在盘古大陆的大部分地区。在整个中生代，它们种类繁多，分布广泛，与今天的蜥蜴相似，卵生，多以昆虫或蠕虫为食，部分为水生物种或呈蛇形。在早白垩世，喙头目动物就开始减少，到了古近纪初期，它们已经从除新西兰以外的地方消失了。目前我们还不清楚它们为何会从那些地方消失，也许与它们和有鳞动物的竞争，以及新型的哺乳动物和鸟类的捕食有关。现在，世界上有超过1.06万种蜥蜴和蛇，但喙头目仅存一个物种，即喙头蜥。喙头蜥是夜行动物，以小型脊椎动物以及它们的卵为食。它们在白天会通过晒太阳来取暖，与蜥蜴不同的是，它们可以在低温环境中活动，不过生长和繁殖速度都非常缓慢。喙头蜥的寿命很长，在野外可以活60年，在圈养环境中则可以活100年以上。

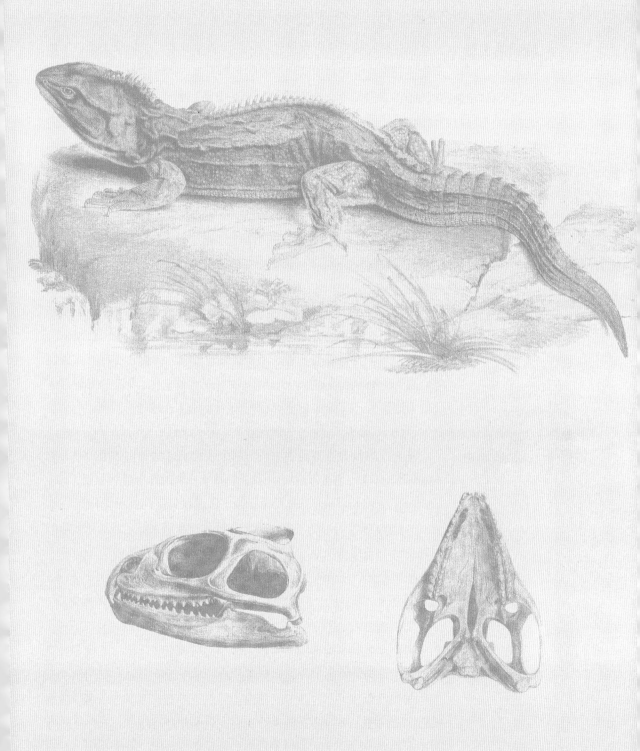

最后的血脉　　通过研究喙头蜥以及像它一样的少数幸存者，生物学家得以了解动物的进化速度和现生动物类群的共同祖先。鸭嘴兽和针鼹就属于这类动物，它们是单孔类哺乳动物分支中幸存的成员。与喙头蜥一样，它们也只生活在世界上的一小块区域，即澳大利亚和新几内亚岛，而它们的祖先曾遍布整个劳亚大陆和南美洲。单孔目的成员具有其他哺乳动物所没有的特征，比如产卵。

这样的动物有时被称为"活化石"，不过，这个称呼并没有实际意义。表面上看，它们可能是某些群体的少数幸存者，而其在分子和解剖学方面的信息则显示，它们经历了多次进化，即使它们的外表看起来没有变化。至于这些动物为什么能在其他家族成员灭绝时存活下来，可能的原因有许多。有人认为，当它们的亲属被新出现的物种捕杀时，身处孤岛的它们逃过了一劫。但这可能过于简单化了。例如，在澳大利亚，单孔目动物一直与有袋类哺乳动物、胎盘类哺乳动物共存；而在新西兰，喙头蜥则与蜥蜴共存。更有可能的是，气候变化、栖息地和地理隔离的共同作用，以及单纯的运气塑造了我们今天在地球上看到的生命。

岛屿隔离　　新西兰与世界上其他地方的不同之处在于它的地质历史，因为它7 000多万年来一直处于孤立状态。它属于一块被称为西兰蒂亚（Zealandia 或 Te Riu-a-Māui）的大陆板块，后者曾经是冈瓦纳大陆的一部分。大约8 000万年前，它脱离出来，成为一块微大陆，这块微大陆的一部分经常被海水淹没。大约4 000万年前，火山爆发创造了新的陆地。在新近纪，一条断层线抬升出新西兰南岛的南阿尔卑斯山。后来，海平面下降，海岸进一步暴露出来，形成了我们现在所熟悉的海岸线。

很多曾经遍布冈瓦纳大陆的生物如今仅见于新西兰，新西兰也因此成为一个重要的生物多样性研究地点。这里生长着贝壳杉和南方山毛榉等树种，其中一些及其近亲也生活在南美洲和澳大拉西亚其他地区。由于陆地上没有大型捕食者，诸如鹬鸵和鸮鹦鹉等，以及已经灭绝的类似鸵鸟的巨型恐鸟逐渐丧失了飞行能力。唯一的本地哺乳动物短尾蝠在森林地面上觅食，因而成为世界上最独特的蝙蝠。这些生物中有许多与南美洲和澳大利亚的相近物种拥有共同的祖先，这表明它们可能是在过去的 3 000 万年里从这些大陆来到新西兰的。

**入侵物种
带来的威胁**

与许多生活在新西兰的独特而奇妙的野生动物一样，喙头蜥正受到入侵物种的威胁。这些入侵物种被引入它们从未踏足过的栖息地，并对后者造成了严重的负面影响。虽然当不利因素被消除时，物种入侵会自然而然地发生，但现今的大多数物种入侵都是人为引入的结果。几千年来，人类活动一直影响着世界范围内的物种传播，而自 18 世纪以来，随着欧洲殖民的开始和国际贸易的扩张，物种入侵的速度急剧加快。

最著名的入侵物种当属波利尼西亚鼠。它最初生活在东南亚，可能是在过去的 2 000 年里搭乘来往于太平洋岛屿之间的船只"偷渡"而至世界各地。多个太平洋岛屿上的鸟类和昆虫因它们的到来而灭绝，其中就包括新西兰的相应物种。它们甚至有可能加剧了复活节岛的森林砍伐，因为它们会吃棕榈树的果实，从而阻止了棕榈树的再生。日本虎杖被引入欧洲和北美洲后，破坏了建筑地基和道路，排挤当地本土植物，成为世界上最恶劣的入侵物种之一。

喙头蜥面临着猫和老鼠等非本土捕食者的捕食危机。随着这些动物的引入，喙头蜥在新西兰的北岛和南岛已经灭绝，只生活在近海小岛上。现在，它被重新引入北岛的一个保护区，并再次在野外成功繁殖。然而，喙头蜥和新西兰其他许多独特的本土动物仍面临着不确定的未来。栖息地的丧失和气候的变化加剧了它们本已岌岌可危的现状。喙头蜥的消失不仅是对生物多样性的重创，也将是一个令人难以置信、古老而独特的爬行动物类群的终结。

海藻森林——最具生产力的生态系统

　　海藻构成了海洋中的雨林，它有着黑色的"树干"和斑驳摇曳的"树冠"。所有的海藻都属于藻类，是地球上最古老的生物群体。随着地球在新近纪逐渐冷却，温带海域中出现了海藻森林。它们是众多令人惊叹的海洋生物的家园，数千年来一直为人类提供食物。海藻森林还有助于我们了解食物网，以及大自然中错综复杂的生态失去平衡后带来的影响。

　　海藻不仅是一个奇妙的物种，还是世界上最重要的生物之一。然而，我们可能从来不会意识到它们在海洋中的重要作用。它们构成了海洋中的雨林，覆盖了数千平方千米的海床。海藻属于藻类，在某些方面很像植物，是地球上最古老的生物之一，拥有超过 10 亿年的进化历史，它的进化历史比植物和动物的历史长 2 倍。现生海藻之所以能让水域变得如此富饶，要归功于新近纪时的寒冷气候。

　　藻类是能进行光合作用的生物。有些藻类是单细胞植物，比如硅藻，有些则具有复杂的多细胞结构，比如海藻。虽然海藻也利用阳光来获取能量，但其结构与植物完全不同，而且可以生活在淡水或海水中。海带一般呈褐色，是一种分布在温带海岸线和极地海岸线的海藻。海带大约有 120 种，它们由叶状体或"桨叶"组成，生长速度惊人，每天可以长 0.5 米，最长可达 60 米。海带的基部有一种名为固着器的根状结构，可以紧紧抓住海床。它们在形态和大小上差别很大，有些种类具有充满气体的气囊，所以它们的叶状体可以漂浮在水面上，有些则只能平躺在海床上。

　　海藻森林很茂密，当来自深海的上升流将富含营养的冷水与表层洋流混合时，海藻森林就会茁壮成长。与陆地上的森林一样，它们有着浓密的"树冠"，在靠近海床的地方形成了一个阴暗的微环境。

右图注：褐藻属于海带目，通常会形成水下"森林"，是成千上万种动物的家园。

海藻森林为数不胜数的生物提供了栖息地，一平方米的地方可以容纳多达 10 万只无脊椎动物。海藻森林是虾、海蜗牛、毛足虫和海胆的家园，并养活了无数的鱼类、海洋哺乳动物，以及包括燕鸥和海鸲鹕在内的鸟类。总之，对野生动物和人类来说，海藻森林是地球上最具生产力的生态系统之一。自从人类开始探索地球上的温带海岸线，海藻就为我们提供了食物、工艺品材料和建筑材料，后来又成为工业化学品的原料。由于人类破坏了地球上的气候和食物网的稳定，这些生物多样性惊人的栖息地正受到威胁，其影响可能会波及全世界的各种生物。

**冷却的
海洋栖息地**

很长一段时间以来，海带的起源一直是个谜，现在我们知道，在过去的 3 000 万年里，气候转冷促进了海带的繁殖。研究人员认为，它们首先在北太平洋开始出现，这也许可以解释为什么日本和北美洲的海岸拥有最丰富的海带物种。海带的进化也与许多动物群体有关。人们已知海藻森林在新近纪末期出现，这要归功于以海带为食的帽贝的化石，这些化石大多形成于那个时期。在食物网的另一端，海獭已经适应了生活在海藻森林里。这些特化动物属于鼬科，是食肉哺乳动物，与鼬鼠和獾有亲缘关系。虽然海獭是鼬科动物中最大的，体重达到了惊人的 45 千克，但它们是世界上最小的海洋哺乳动物。它们在水中很自在，睡觉时漂浮在水面上，用海带缠绕着身体，防止随水流漂走。海獭也是少数会使用工具的动物之一，能用石头砸开坚硬的贝壳。

海藻产业

海藻森林的出现不仅影响了海洋生物多样性，也影响了人类的进化。从旧石器时代的定居点可知，当时的人们会吃鲍鱼和帽贝等生活在海藻森林中的动物。有人认为，海藻森林富含的自然资源吸引人类聚居在从亚洲东北部到美洲的海岸，形成了一条"海藻公路"。诸如巨藻等海带目成员常被用来制作渔网，在世界各地的沿海地区，人们通常将海带作为肥料，以提升土壤的肥力。

像海带这样的海藻富含工业生产中使用的碘和碱。在 19 世纪，人们收割并燃烧海藻以获取纯碱，而纯碱可用于生产肥皂和玻璃。在苏格兰高地，对纯碱的需求导致地主强迫佃农收割海藻，剥夺了他们通过其他方式谋生的机会。这个产业的巨大利润并没有落到贫穷的佃农手中，这也是引发"高地清洗"（Highland Clearances）事件的一大原因。在这一事件中，大量苏格兰人移民到了世界各地的殖民地。海藻提取物还可以用作果冻和牙膏等物品的增稠剂，部分海藻也可以食用。例如，在亚洲，昆布（Kombu）是烹饪中的一种重要食材。海带生长迅速，人们可以乘船在海面上收割，所以它是一种非常高产和容易种植的海藻。海带也是非常环保的一种能源，目前研究人员正在研究用它来生产生物燃料。

海胆荒地　　　海藻森林为生态学家理解生态系统的营养结构提供了一个典型案例，这个过程是指生物如何与其所处的食物网的其他部分相互作用。几千年来，人类一直在北美太平洋沿岸捕杀海獭。在 18 世纪，世界各地的殖民者来到这里，他们开发的资源之一就是海獭的皮毛，这种皮毛是世界上密度最大的，用其制作的服装和饰品都是抢手货。100 多万只海獭被屠杀，大部分生境都失去了它们的踪影。

海獭的消失引发了"营养级联"[①]。当一个食物网的一部分迅速减少或彻底消失，破坏了整个生态系统的平衡时，这种情况就会出现。海獭是海胆的主要捕食者，海胆是一种浑身长着硬壳和尖刺的球形生物。随着海獭的消失，海胆的数量爆炸性增长。海胆以海带为食，肆无忌惮的海胆大军摧毁了数百平方千米的海藻森林，使"海胆荒地"形成，很少有动物能在这种地方生存。这个例子清楚地表明，处于食物网"顶层"的捕食者影响着整个生态系统健康与否，哪怕失去一个物种也会产生深远的影响。

纵观历史，人类一直受益于海藻森林和依赖它们的动物，然而，这个美丽的生态系统正因人类的活动而受到威胁。污染、气候变化和入侵物种对海藻森林产生了巨大影响。此外，过度捕捞和狩猎也对许多海岸线附近的生态系统造成了灾难性的影响。如果不立即采取行动，我们可能会永远失去这些不可思议的生命天堂。

---

① 营养级联是在多营养级中的自上而下的链式反应。——编者注

第四纪

第四纪始于 260 万年前。随着冰盖在高纬度地区蔓延，我们所熟知的地貌逐渐形成。在短暂的第四纪的最后一段时间里，人类扩散到了世界各地。人类是唯一一种发展了科技的动物，是第一种有意识地将未来掌握在自己手中的动物。

第四纪是自地球上出现生命以来最短的地质年代，从 260 万年前一直延续到现在，并将继续延续下去。它被细分为更新世和全新世，其中全新世始于 1.17 万年前。正是在这一小段时间里，复杂的人类社会出现了。

虽然大陆的形状在第四纪几乎没有变化，但冰期的循环会周期性地吸收大量淡水，导致全球海平面下降了 100 多米，大陆之间的陆桥由此露了出来。北美洲的五大湖现在拥有世界上 21% 的淡水，它们是由移动的冰盖"凿"出来的，然后随着冰川的融化而加深和填充。最早出现在新近纪的干旱地区不断扩张，形成了撒哈拉沙漠、纳米布沙漠和卡拉哈里沙漠。

第四纪时期的大多数动物都很容易被识别，不过也有一些例外，比如巨型地懒和长颈鹿的怪异亲属。剑齿虎和猛犸象等冰河时代出现的哺乳动物在冰川边缘繁衍生息。许多动物在 1.15 万年前就灭绝了。它们的消失与现代人类的扩张发生在同一时间，我们至今仍不知道人类的出现在多大程度上导致了它们的灭绝。在第四纪，马达加斯加的象鸟和新西兰的恐鸟也灭绝了。在距今更近的时期，包括渡渡鸟、袋狼和旅鸽在内的数百种动物相继灭绝。目前，人类造成的栖息地破坏、污染和气候变化是对地球生物多样性的最大威胁。

冰期

冰一直是地球上的一个波动物，在第四纪，地球上出现了自元古宙末期的"雪球地球"以来最大、最稳定的冰盖。在极盛时期，冰川从两极蔓延到南北纬 40 度的地区并紧紧环绕地球，永久冻土甚至延伸到了更远的地方。冰盖的大小和厚度一直在波动，数值达到最大的时期被称为冰期，数值最小的时期则被称为间冰期。

大约 1.2 万年前，在末次盛冰期，地球上将近 1/3 的地方被冰覆盖，其中包括欧洲、俄罗斯东部（位于亚洲北部）、蒙古、中国北部、美国阿拉斯加州和加拿大。在南半球，冰川覆盖了巴塔哥尼亚和新西兰。这些地区现在正经历着冰后回弹，即被厚重的冰盖压在下方的构造板块再次向上弹起，导致陆地平均每年升高 1 厘米，往后的速度可能会更快。

北半球和南半球的许多景观都形成于冰期。有些冰川高达 3 千米，它们看起来是静止的，实则一直在移动，就像一条缓慢流动的河。它们刮擦下方的土地，带走了大量土壤和岩石，并雕刻出独特的 U 形山谷。

米兰科维奇旋回

若想了解气候是如何形成的，我们不仅要研究大气和水的循环，还要研究地球的运动和倾斜。地球在太空中绕太阳公转和绕地轴自转时，是倾斜和摇摆的。作为塞尔维亚天文学家和地球物理学家，米卢廷·米兰科维奇（Milutin Milanković）计算出了这些运动的模式，后人便以其名字来命名它们。

米兰科维奇旋回主要包括三个要素。第一个要素是偏心率，它描述的是地球围绕太阳运行的方式。在 41.3 万年的时间里，地球轨道从圆形变成了椭圆形。第二个要素是倾斜度，即两极从垂直方向倾斜的程度，它会在 22.1 ～ 24.5 度之间变化，周期为 4.1 万年。最后一个要素是岁差，即行星的"摇摆"，变化周期为 25 771 年，是这三者中周期最短的。

这些要素改变了地球与太阳之间的距离、高纬度地区受到的太阳辐射量以及季节性周期的强度，因而对全球气候产生了深远的影响。有人认为，当这些要素的周期重合时，它们产生的影响会被放大。

人类世

在第四纪，猿类已经遍布全世界，这最终促成了整个大气层的形成，完全改变了陆地和海洋，人类的祖先就是其中的一员。

一些研究人员建议在第四纪增加一个世，即人类世。理论上，这一世将包括最近的几百到几千年，人类对地球生物圈的影响不仅可以通过其对生物的影响来衡量，还可以通过岩石记录本身来衡量。目前，人类世还没有被正式确认为一个地质时期，通常用来指工业革命以来的几百年时间。

现在，人类面临着所谓的第六次大灭绝。生物灭绝的规模以及对地球本身的破坏无疑会在化石记录中呈现出来。当我们积极应对气候变化时，我们面临着一个不确定的未来，不过，人类不仅有能力彻底破坏地球，也有能力拯救它。

猛犸象——冰期生存专家

猛犸象是一种生活在冰期的北半球草原上的大象。在常年严寒的环境中，它们也能茁壮成长。猛犸象在大约4 000年前才灭绝，研究人员在它们的化石中发现了DNA，从而了解了冰河时代生存的动物的遗传学特征。在关于让消失已久的动物复活这场争论中，猛犸象无疑是争论的焦点。

猛犸象是冰期最具代表性的灭绝动物。这些巨大的植食性动物从大约4万年前一直活到4 000年前。它们有着弯曲的长牙和高高的额头，生活在最北端的物种长着蓬松的长毛，毛色从浅棕色到黑褐色。它们的肩高超过了3米，重达6吨，与现代的非洲象相似。猛犸象无论雄雌都有令人印象深刻的长牙，用于防御可能攻击其幼崽的捕食者，或者用来与其他猛犸象争夺领地和配偶。这些庞然大物曾在贫瘠的土地上漫游数千米，在冰河时代的严寒天气中繁衍了一代又一代。

虽然我们倾向于认为猛犸象是一个单一的物种，但事实上猛犸象属有很多不同的物种和亚种。DNA研究表明，猛犸象现存的近亲是亚洲象，后者最初可能是从一个非洲物种进化而来的，最终扩散到整个欧亚大陆。随着海平面下降，连接着西伯利亚和阿拉斯加的陆桥露了出来，猛犸象经陆桥迁徙到北美洲。草原猛犸象是最大的猛犸象之一，其肩高达到了惊人的4米。最小的是侏儒猛犸象，和人差不多高，生活在加利福尼亚海岸附近的海峡群岛。

猛犸象灭绝的原因众说纷纭，气候变化和人类捕猎是主要因素。猛犸象喜欢的栖息地随着气候变暖而缩小，它们的衰落与人类的扩张同时发生，从考古证据可知，人类曾猎杀它们。猛犸象的繁殖速度很慢，这意味着它们无法迅速补充种群缩小的数量，因而无法在人类的冲击下存活下来。最后的猛犸象生活在北冰洋上的弗兰格尔岛。由于海平面上升，弗兰格尔岛与西伯利亚隔绝，猛犸象一直活到了3 700年前。

右图注：猛犸象著名的灭绝动物之一，它们的骨骼、长牙和冰冻的尸体散落在整个北半球。

DNA研究显示，猛犸象因近亲繁殖而遭受有害的突变基因积累，这影响了它们的脂肪储备和健康。人类的猎杀则加速了它们的灭绝。

大型植食性动物

在更新世，寒冷干燥的苔原分布极广，猛犸象就在苔原上繁衍生息。苔原上生长着低矮的草本植物，在最南端有零星的灌木和乔木。猛犸象与披毛犀、牛、马、狼、剑齿虎、鬣狗和熊共享这片土地。

猛犸象会啃食大量植被，每天吃掉的食物可重达185千克，相当于10个干草堆。它们肌肉发达，能够撕开草地，并从树枝上扯下树叶，从而改变了景观。与现代大象一样，猛犸象成年后会反复更换臼齿，新的臼齿从颌骨后端长出来，旧的臼齿则从前面脱落，这些臼齿就像在传送带上一样。在现代大象的一生中，这种情况会发生6～7次。猛犸象拥有所有已知大象中最复杂的脊状齿，其圆顶头骨中的大块肌肉能为长时间的咀嚼提供动力。人们在冰冻的小猛犸象的胃里发现了成年猛犸象的粪便，人们推测，小猛犸象以这些粪便为食是因为它们的牙齿还没有发育完全，无法磨碎新鲜的植物。

**寒冷天气
应对专家**

应对寒冷气候是哺乳动物的专长。哺乳动物既拥有皮毛，又是恒温动物，所以它们能够承受极端低温。除了猛犸象，其他动物在冰河时代也很兴旺，比如巨型地懒、短面熊、洞熊、巨型海狸和乳齿象，乳齿象是一种与猛犸象关系并不紧密的大象。冰河时代的部分动物至今仍然存在，比如野牛、麝牛、北美驯鹿、北极地松鼠和赛加羚羊，大多生活在高纬度地区，那里的气候最适合它们。

为了在寒冷的冰川边缘生存，猛犸象进化出了厚厚的毛，表层的毛又粗又长，最长可达1米，其下是一层又密又短且隔热的毛。它们的皮肤会分泌油脂，使毛保持光泽并防水。猛犸象可能会季节性地换毛，通过与岩石摩擦使毛发脱落。这方面的证据可以在巨石表面找到，与猛犸象肩部齐高的巨石表面被数百年来持续性的摩擦打磨得十分光滑。猛犸象的耳朵非常小，尾巴也很短，这些特点在气温骤降时可以最大限度地降低冻伤概率。它们之所以会"驼背",是因为脖子和肩膀上储存了一层厚达10厘米的脂肪。猛犸象幼崽也有这层脂肪。这些脂肪不仅能帮助它们抵御严寒,还可以在食物匮乏时为其提供能量。

猛犸象对寒冷气候的适应能力甚至可以在它们的DNA中找到踪迹。这些DNA提取自它们的尸体,后者在育空地区和西伯利亚北部的永久冻土中冷冻了数千年。寒冷的环境通常会阻碍身体向细胞输送氧气,猛犸象的基因则显示,它们的血红蛋白发生了突变,能够在终年严寒的环境中有效地向全身输送氧气。

猛犸象与人类　　猛犸象在人类的历史和文化中扮演着重要的角色。直立人和尼安德特人等曾与它们共存,猎杀它们以获得肉,并将它们的骨头制成工具,用其毛皮制作衣服,将其牙齿制成雕刻品。在史前岩画中,猛犸象是继牛和马之后被描绘得最多的动物。通过这些艺术品,我们知道了猛犸象是群居动物。在1.5万～4万年前的东欧,人们用猛犸象的骨头来建造庇护所。西伯利亚的土著居民经常雕刻他们在永久冻土中发现的猛犸象牙,并将其卖到中国和西欧。猛犸象的骨头曾被认为来自神灵或大型地下动物。

在18世纪和19世纪,西方科学家认为猛犸象及其远亲乳齿象可能并未灭绝,只是生活在欧洲人尚未到达的新大陆的部分地区。19世纪初,探险家梅里韦瑟·刘易斯(Meriwether Lewis)和威廉·克拉克(William Clark)应美国总统托马斯·杰斐逊(Thomas Jefferson)的要求,在他们的北美之旅中寻找这些动物。他们虽然没有发现活着的猛犸象及其相近物种,但带回了它们的骨头,这有助于科学家研究已经灭绝的猛犸象及其相近物种,而人们也逐渐接受了它们已经灭绝的事实。

渡渡鸟——非自然灭绝事件的象征

渡渡鸟在首次与人类相遇后便迅速消失了，当世界上大多数人听说了这种神奇的鸟时，它已经从地球上永远消失了。人们只在毛里求斯见过渡渡鸟，如今它已经成为地球历史上非自然灭绝事件的象征。尽管有人呼吁将因人类活动而灭绝的动物克隆回来，但不断加剧的生物多样性危机需要的更是迅速阻止生物灭绝，否则类似渡渡鸟灭绝的悲剧可能会不断上演。

渡渡鸟有着滚圆的身体、巨大的头和喙，看起来很滑稽，是已灭绝动物的典型代表。虽然一直以来渡渡鸟给我们的印象就是滑稽，但事实上我们对这种不会飞的鸟所知甚少，因为它在360年前就灭绝了。渡渡鸟的遗骸显示，其身高约为1米。去过毛里求斯的游客对这种鸟的描述各不相同，有人说它是灰色的，有人说它是棕色的；有人说它的羽毛很光滑，有人则说它有着蓬松而凌乱的羽毛；有些人说它拥有彩色的喙，另一些人则说没有。这种混乱可能源于渡渡鸟会季节性换毛，或者雄鸟和雌鸟之间的差异。许多著名的渡渡鸟图像是在它灭绝很久之后才创作出来的。除了零星的骨头，人们保留下来的仅有一个干瘪的渡渡鸟头颅，该头颅现藏于英国牛津大学自然历史博物馆。

渡渡鸟的笨拙、愚蠢是人们根据它臃肿的形象臆想的，事实上，它很好地适应了所处的生态系统。渡渡鸟由会飞的祖先进化而来，后者来到一个孤岛上，由于地面上没有捕食者，而且食物供应充足，所以逐渐失去了飞行能力，完全变成了陆生动物。渡渡鸟可能会吃掉落在地的水果、坚果、种子，以及植物的根茎，并摄入名为胃石的小石头来帮助消化，这一技巧源自它的远古亲属恐龙。渡渡鸟现存的近亲物种是绿蓑鸠，一种来自印度和马来群岛的华丽物种。渡渡鸟与罗德里格斯愚鸠也有亲缘关系，后者生活在毛里求斯岛附近的一个岛屿上，同样因人类的到来而灭绝。

右图注：渡渡鸟已经成为已灭绝动物的代名词。在短短几十年的时间里，它们就被猎杀殆尽。

当你了解荷兰舰船"布鲁因维斯号"（Bruin-Vis）上的船员的行为时，你就不会对渡渡鸟的消失感到惊讶了。1602年，他们到达毛里求斯后，一次杀死了25只渡渡鸟，这远远超出了他们一餐的食量。

与许多生活在没有陆地捕食者的地方的动物一样，渡渡鸟不惧怕人类。正因如此，饥饿的水手和他们带来的狗、猪等动物可以轻而易举地袭击渡渡鸟的巢穴。在这种神奇的鸟儿第一次被记录下来的64年后，它就消失了。渡渡鸟的灭绝令人震惊，人们第一次意识到，人类可以彻底消灭一个物种。如今，渡渡鸟成了已灭绝动物的象征。可悲的是，它远不是地球上最后一种因人类的猎杀而灭绝的神奇动物。

生物灭绝　　当一个物种的最后一个生物体死亡时，这个物种就灭绝了。如果剩下的个体数量太少，无法形成种群，那么这个物种可能早在这之前就已经"功能性灭绝"了。灭绝虽然通常是一个负面事件，但也是地球上的生命必须经历的一个过程。新的物种在形成的过程中不断进化，灭绝则正好与之相反。平均而言，一个物种在被其他生物取代或进化成新的物种之前会存在几百万年。数十亿个物种现已灭绝，尽管现今地球上的生物多样性令人震惊，但这只是地球上所有出现过的物种中的一小部分。

生物大灭绝相对来说比较罕见，只有当生物多样性急剧下降，原有物种灭绝的速度超过了新物种形成的速度时才会发生。在过去的5.5亿年里，地球上发生了5次大规模的生物大灭绝，以及许多较小的灭绝事件。生物大灭绝的规模是由灭绝的物种数来衡量的，而不是生物的死亡数量。例如，如果属于一个物种的数百万个个体全部死亡，那就造成了一次灭绝，而如果只有几千只动物灭绝，但它们属于数百个不同的物种，那就造成了一次大规模生物灭绝事件。这是因为多个物种同时消失不仅会对食物网和生态系统产生巨大破坏，还会对地球上的生命造成深远的影响。

右图注：唯一保存下来的渡渡鸟的身体部位是其连着皮肤的头部（上），这展示了该神奇动物的原始外观（复原图，下）。

与以往由火山爆发等自然灾害引发的大灭绝不同，我们正在经历的第六次大灭绝是由人类造成的。从化石记录可知，当前物种灭绝的速度超过了以前的大灭绝事件，而且没有减缓的迹象。一些科学家认为，第六次大灭绝在很久以前就开始了，也即人类开始向全世界扩散的时候。在13.2万～1000年前，大约有177种大型哺乳动物灭绝，研究表明，其中至少64%的物种是因人类的扩散而灭绝的。这意味着人类对生物多样性的影响比气候、栖息地的自然变化，甚至最后一个冰期的结束都要大。

国际自然保护联盟（International Union for Conservation of Nature，简称IUCN）对全球生物多样性进行了全面调查，发现调查的物种中有27%正面临灭绝的危险。在过去的3个世纪里，至少有571个物种消失了，多达100万种动植物现在面临着永远消失的危险。

狩猎和捕鱼是造成这种威胁的部分原因，农业和建筑用地侵占了生物的栖息地，这也许是引发物种灭绝的最大原因。除了5.5亿年里积累起来的生物多样性遭到重创之外，这些灭绝事件还威胁着人类的未来。这种生物大灭绝正在破坏整个营养循环和食物网的平衡。资源和生态系统功能遭受了严重破坏，比如淡水资源的减少和碳排放的增加，这对地球和人类产生了深远的负面影响。

复活它们　　在过去的几十年里，人们对复活已经灭绝的物种越来越感兴趣。物种复活又称为"反灭绝"（De-extinction），这在以前只是幻想，如今，DNA提取和克隆等新技术让这一想法有可能变为现实。不过，让灭绝的物种起死回生不仅面临着技术上的难题，还有研究人员和公众必须解决的伦理问题。

一个比较可行的反灭绝方案是有选择地培育动物，以使特定动物获得其已经灭绝的祖先所具备的特征。这种形式的人工选择是直接的，其产物是否真正代表已经消失的动物还存在争议。此外，克隆已经灭绝的动物需要利用保存完好的遗骸，因此有人建议对猛犸象进行克隆，而冻干的猛犸象尸体通常保存有毛发、皮肤和器官，研究人员可以利用它们来绘制猛犸象的基因和蛋白质图谱。有人认为，研究人员已经利用这些组织中的 DNA 复活猛犸象，并将其 DNA 与现有大象的 DNA 混合，以填补基因空白。

物种复活或许根本无法实现，技术上的难题也有可能无法攻克，而且物种复活并没有从根源上解决我们正面临的灭绝危机。就算这些动物以某种方式在不稳定的克隆过程中幸存下来，在它们所习惯了的气候和生态系统已经消失的今天，我们尚不清楚它们带来的是利是弊。

批评者指出，我们应该把大笔的资金和巨大的努力用于保护现有的动物并开发可持续的新技术，以减少对大自然的破坏。在栖息地丧失、环境污染和气候变化等问题彻底解决之前，复活已经灭绝的许多动物可能是不明智的。无论物种复活能否实现，奇妙的渡渡鸟都不可能复活，因为它们留下来的遗骸太少了。

果蝇——科学界的宠儿

蝇类不仅塑造了现代世界，还影响着人类的未来。它们每年间接杀死的人极多，而我们所掌握的生物学和医学方面的知识又部分来自它们。果蝇是科学界的宠儿，遍布世界各地的实验室，甚至还去过太空。这种不起眼的生物让我们了解了整个世界和人类的运作方式。

黑腹果蝇这个名字可能不是每个人都熟悉，但这种微小的蝇类昆虫遍布各大洲。黑腹果蝇是果蝇的一种，成虫只有大约 1 毫米长，身体为淡黄色到棕色或黑色，眼睛则是红色的。它最初来自非洲，与其他危害农业和人类健康的蝇虫并不相同。果蝇经常出现在人们的厨房里，它们可能很烦人，但不会传播疾病，基本上是无害的。这种微小的生物是极为重要的研究对象，与之相关的研究获得了 6 次诺贝尔奖。

果蝇在 20 世纪被动开启了自己的科学生涯。它们繁殖快，容易饲养，基因组小，用于科研实验很少引起伦理问题。这使它们成为遗传学研究的理想对象，而遗传是指生物特征由父母传递给后代的现象。在遗传学以及环境在进化中的作用等方面，我们取得的许多突破都来自对果蝇的研究。作为一种"模式生物"，它们被用于各种科学实验。几千年来，人类与果蝇虽然处在生命之树的不同分支上，但基因相似度高达 60% 左右，所以果蝇在医学研究中非常有用，包括癌症治疗和对抗阿尔茨海默病等方面的研究。

"蝇"这个字无法准确地描述此类群惊人的生物多样性。虽然许多昆虫都被称为"蝇"，但严格来说，只有双翅目昆虫才是蝇。最早的双翅目昆虫化石来自三叠纪，现今的双翅目昆虫包括大蚊、蚋、马蝇、食蚜蝇、蠓和蚊子等。这些昆虫只有一对翅膀，所以非常灵活，还有大大的复眼，并通过口器来进食。它们的 6 条腿末端都长有小爪子，小爪子上的"爪垫"能产生静电力，可以附着在最光滑的表面上。

右图注：许多科学进步都要归功于黑腹果蝇。作为一种"模式生物"，微小的果蝇甚至被送上了太空。

在现今的地球上，蝇类分布在除南极洲以外的所有地方，已被描述的物种超过 15 万个，并且仍有许多物种有待发现。它们是仅次于蜜蜂的重要传粉者，还有可能是最早提供这种服务的动物之一。英雄拟食虫虻是蝇类中体型最大的，可以长得比人的手指还长，翼展为 10 厘米。大多数蝇都很小，最小的一种名为 *Euryplatea*，它会寄生在同样小的蚂蚁身上并在其头部产卵，然后从里到外吃掉蚂蚁。许多种类的蝇都是寄生性的，习惯在其他动物的体内产卵。

有些蝇以腐肉、粪便、腐生植物或真菌为食，它们也因此成为全球生态系统中十分重要的分解者之一。蝇类通过探测气流的气味来定位食物，脚上的化学感受器让它们只需走过食物就可以品尝味道。吸血蝇类能够探测到动物呼出的二氧化碳，或者通过感知动物的体温来锁定目标。蝇也是其他动物甚至植物（如捕蝇草）的重要食物来源。

苍蝇之王　　毫无疑问，蝇类也有阴暗的一面。虽然它们对食物网做出了许多重要的贡献，但在大多数文化中，它们被视为疾病的来源，甚至是邪恶的象征。人们理所当然地将蝇类与疾病、腐烂联系在一起，许多传染病都是通过蝇类叮咬传播的，尤其是通过蚊子的叮咬。家蝇在世界各地传播食源性疾病，同时享受着人类居所的温暖和我们吃剩的食物。蝇类还会损害农作物，螺旋锥蝇等甚至会在牲畜中传播疾病。

在当今世界上，蚊子是人类健康的最大杀手，它们会传播登革热病毒、西尼罗河病毒、黄热病毒、寨卡病毒和疟原虫等。作为疾病的传播媒介，它们每年造成 100 多万人死亡。这种致命的传播甚至被当作战争武器，在第二次世界大战中，低空飞行的飞机向中国部分地区投掷了装满蝇类和含有霍乱弧菌的浆液的炸弹，造成至少 44 万人死亡。

在许多文化中，蝇类都与死亡联系在一起，比如它们是古巴比伦的死神涅伽尔（Nergal）的象征。在基督教神学中，恶魔别西卜（Beelzebub）被称为"苍蝇王"。从古代美索不达米亚的蝇状青金石珠子到超现实主义绘画中的形象，蝇类在艺术中占据着重要地位。尽管蝇类可能会给我们带来恐惧，但它们无处不在，我们无法逃脱。

模式生物　　果蝇是第一批被送入太空的动物之一。1947 年，V-2 火箭带着果蝇和苔藓穿过了大气层，随后它们乘坐带有降落伞的特殊太空舱返回地球。这是为了研究辐射对宇航员的影响，而返回地球的果蝇没有显示出辐射引起的变异迹象。自那之后，在航天飞机执行载人任务时，果蝇一直陪伴着宇航员，在太空中度过了漫长的时间。正因如此，研究人员才得以了解太空旅行对果蝇的免疫系统和遗传性状的影响，并找到保护宇航员的安全，以及让他们保持健康的方法，这也是为未来几十年内实现载人登陆火星飞行做准备。

果蝇并不是唯一一种对科学有用的蝇类。有些蝇类总是最先到达犯罪现场，其幼虫会出现在尸体上，法医能够据此规律准确推断出死者的死亡时间和尸体的处理方式。往往会最先出现在尸体上的蝇类之一是丽蝇和它们的幼虫，后者又被称为蛆虫。在医学上，蛆虫还被用来清理伤口上的坏死组织。

在小说《侏罗纪公园》（*Jurassic Park*）中，约翰·哈蒙德博士在琥珀中发现了一只吸了恐龙血的蚊子，他从恐龙血中提取出 DNA，用来克隆这些生物并使它们复活。然而，这个故事是虚构的，克隆技术还没有达到使物种复活成为现实的地步，即使是最近消失的生物。即使克隆技术足够成熟，DNA 也不可能保持活性数百万年，咬了恐龙的蚊子的胃也不太可能完好地保存至今。

人属——人类的进化

是什么让人类变得独一无二？人类居住在不停旋转的地球上，并从根本上改变了它。人类是第四纪的生物，经历了冰期和气候变化的考验。人类能利用大自然中的丰富资源来解决温饱问题，建造庇护所，创造艺术和神话。从最早的石器工艺到现今的轨道卫星，人类的科技旅程是非凡的，但人类对地球的破坏也将"玷污"未来几千年的地层记录。

智人倾向于将自己与其他动物区分开来，但实际上，智人只是灵长类动物中的一种，与黑猩猩和倭黑猩猩共享约99%的基因。现代人已经存在了大约15万年。人类是相对来说毛发较少的生物，拥有巨大的、扩展的大脑。人类的大脑中存在的大量灰质使人类发展出了复杂的技术、语言、思想、艺术和音乐。

尽管如此，人类依旧经常成为与他们一起生活的动物的猎物，早期智人中就有被鳄鱼和豹子吃掉的。人类被大型野生食肉动物咬死的事件时有发生，被狗、蛇和蚊子咬死的人则数以万计，远远超过了前者。尽管生来弱小，发育缓慢，没有锋利的牙齿和爪子，通常不具备快速奔跑的能力，但复杂的认知系统让人类拥有生存能力，进而成为一个强大的物种，甚至引发了第六次生物大灭绝。

灵长目的起源可以追溯到更猴等体型细长的小型生物，它们出现在白垩纪末期那场生物大灭绝之后。在1500万～2000万年前，所有现存猿类的最后一个共同祖先出现了，而在800万年前，人类与大猩猩的祖先出现了。在700万～400万年前，人类和黑猩猩的祖先才分化开来。

人们曾经认为人类的进化过程是一条直线，实际上，在过去的几百万年里，地球上存在着超过15种早期人类，或者说古人类。他们经常共存，甚至杂交。

右图注：在过去的几百万年里，智人是众多人类物种中最后脱颖而出的。现代技术和文明只有几千年的历史，与漫长的地质时间相比不过是弹指一瞬。

在过去的 50 年里，新发现的化石为人类的进化史增添了许多新面孔，他们在人类谱系图中的位置引起了激烈争论。可以肯定的是，"人类"这个词所包含的差异性比我们以前所认为的要大。从利用火和制造工具的零散人群到现在的 80 亿人，人类的数量还在不断增加，其中大部分生活在城市。工业革命加速了人类对地球的影响。我们因拥有智慧而显得如此独特，又因这智慧而威胁着地球。

是什么造就了人类

人类的独特之处在于直立行走、使用语言和制造工具的能力，尽管其他动物群体中的部分成员也拥有这些能力。与我们的身体质量相比，我们的大脑很大，几乎是黑猩猩或大猩猩的 3 倍。一些研究人员认为，随着非洲的气候和栖息地的变化，人类进化出了双足行走的方式以节省体能，从而走得更远。这顺便解放了人类的双手，我们可以用手去觅食和搬运物品。直立行走对人类的骨骼产生了根本性的影响，重新调整并改变了骨盆、脊柱和腿部关节的结构。这些改变虽然在某些方面对人类是有利的，但也有许多缺点，比如人类会因为直立姿势而遭受背部和关节疾病，而且比其他灵长类动物更难生育。大脑尺寸与产道大小及方向之间的平衡可能导致婴儿出生时很弱小且发育不良。大多数灵长类动物几乎一出生就可以走路，还能依附和模仿成年个体，人类的童年则很漫长，性成熟也相对较晚。

我们可以通过化石记录来追踪不同的人类物种的大脑形态变化。此外，大脑的结构可能和尺寸一样重要。我们依靠考古学来探究复杂文化是何时出现的。以石器的形式反映的技术水平提供了证据，研究人员通过研究这些工具产生的方式来分析不同人类物种的进化。第一种可识别的石器工具可以追溯到大约 330 万年前，可能来自南方古猿。在第四纪初期，人属中最古老的成员能人开发了新的石器工具，并将后者用于屠宰动物，以及加工兽皮、植物和木材。

早期古人类处理死者的方式体现了人类的心理和社会的发展。最古老的人类丧葬习俗来自以色列，10 具智人的尸体被小心翼翼地放置在一个名为 Mugharet-es-Skūl 的山洞里。这个丧葬发生在大约 10 万年前，这表明至少在那个时候，古人类围绕死亡已经有了复杂的社会行为。其他物质文化包括合作狩猎和兽皮加工，这些技能是至少 20 万年前的尼安德特人和早期智人所共有的。洞穴壁画和雕刻品等具象艺术直到 5 万年前才出现，是现代人类认知能力完全形成的重要标志。

扩散和影响　　智人最早出现在非洲境内。部分智人很早就踏上了欧亚大陆，但古老的 DNA 告诉我们，目前地球上所有人类都来自大约 10 万年前的一个小种群。扩散可能发生了多次，因此，现代人类的起源很难解释清楚。这些智人遇到了其他古人类物种，包括尼安德特人和丹尼索瓦人。他们之间的交配似乎很普遍，现代人类多达 6% 的 DNA 来源可以追溯到这种混合。人类在至少 7 万年前到达东亚，几千年后穿过印度尼西亚到达澳大利亚。直到 4.2 万年前，人类才在中欧或西欧被发现。部分人类可能在这个时候到达了美洲，并且在最后一个冰期即将结束时重复了这一旅程。

在过去的 10 万年里，人类活动对动物多样性产生了巨大影响。人类在世界各大洲的出现往往与多种动物的消失同时发生，尤其是那些被猎杀的大型哺乳动物。人类不仅影响了动物，还塑造了栖息地。自上一个冰期结束以来，作为狩猎采集者、牧民和农民，人类对整个世界产生了广泛的影响。在很多人看来，亚马孙雨林这样的地方是原始且未被破坏的，其实，这种地方也深受耕种、森林砍伐和火灾防治制度变化的影响。最典型的例子就是在草原上使用火来提高土地的生产力，这从根本上改变了生态系统和水循环，释放了二氧化碳。随着人口的增加，这些影响也越来越大，在过去的 200 年里，工业革命加快了人类对地球的破坏速度。

我们的未来　　人类无疑是地球上最独特的居民之一。然而，人类独有的许多特征在动物中并不是那么独特。其他生物拥有体积更大的大脑（如大象），也会使用工具（如乌鸦），在复杂的社会群体中与同类交流（如海豚），还搞起了养殖（如蚂蚁），并对气候和生态系统产生了广泛影响（如藻类和蚯蚓）。在人类身上，所有的这些特征结合在了一起，再加上先进的技术、庞大的人口和社会网络，人类成为地球上最伟大的物种，取得了前所未有的成就。现在，气候变化和资源短缺是我们面临的两大挑战。科学家们一致认为气候变化正在发生，未来的严重程度取决于我们为减少温室气体排放所做的努力。

在遥远的未来，无论人类是停止对地球的破坏，还是完全从地球上消失，地球都会自然地恢复过来。人类的遗骸将被夹在地层之间，形成一层薄薄的破坏层，就像过去的小行星撞击一样。根据过去的大灭绝来看，生命可能需要大约 1 000 万年才能从当前人类引起的大灭绝中恢复过来。一个新的超大陆将在未来的 2.5 亿年里逐渐形成，再次改变全球气候。到那时，随着植物在数千年里不间断地生长、腐烂和被掩埋，几乎被人类耗尽的化石燃料储备将得到补充。

科学家们认为，5 亿年后，太阳释放的热量将不断增加，开始破坏地球周期的微妙平衡；10 亿年后，地球可能已经不适合复杂生命生存。虽然地质时间对我们来说很漫长，但在宇宙的宏伟蓝图中，地球上所有的复杂生物体都是在极短的时间里进化出来的。谁知道自然选择在宇宙中其他宜居的星球上创造了什么奇迹，也许那些星球上的生命也曾繁盛一时呢！

致 谢

感谢你阅读这本书，希望你能喜欢。自地球诞生以来，数百万种不可思议的生物陆续登场，有的仍然活着，有的却已经灭绝了。从这些生物中挑出一些来讲述地球生命故事是极其困难的，书中所选绝不都是最优选择，但它们涵盖了在过去46亿年里遍布世界的"明星物种"。我沉浸在对蚯蚓和海带等不同生物的研究中，并坚信每一个生命都值得书写！

我要感谢那些优秀的专家同行，他们阅读了本书中与自身的研究领域相关的部分，并进行了事实核查，给出了反馈意见。这份专家同行名单包括格温·安特尔（Gwen Antell）、乔丹·贝斯特威克（Jordan Bestwick）、尼尔·布罗克赫斯特（Neil Brocklehurst）、马克·卡纳尔（Mark Carnall）、艾伯特·申（Albert Chen）、理查德·迪尔登（Richard Dearden）、佩奇·德波洛（Paige dePolo）、弗朗基·邓恩（Frankie Dunn）、里卡多·佩雷斯德拉·富恩特（Ricardo Perez-De-La Fuente）、达维德·福法（Davide Foffa）、拉塞尔·加伍德（Russell Garwood）、桑迪·赫瑟林顿（Sandy Hetherington）、芬克·霍尔沃达（Femke Holwerda）、苏珊娜·莱登（Susannah Lydon）、伊姆兰·拉赫曼（Imran Rahman）、保罗·史密斯（Paul Smith）、克里斯蒂娜·斯特鲁德瑞恩（Christine StrulluDerrien）、贝姬·雷格·赛克斯（Becky Wragg Sykes）。对于他们的支持和付出，我感激不尽。如果能为他们效劳，我在所不辞。他们核查过的某些章节可能最终未能呈现，对此我感到非常抱歉，但他们的努力对整个过程至关重要。

我非常感谢克里·恩佐（Kerry Enzor）指导我撰写这本书，感谢朱利亚·肖恩（Julia Shone）和威尔·韦布（Will Webb）从文字与观点中创造出令人惊艳的精美作品，感谢新兴艺术家和古生物学家格雷斯·瓦尔纳姆（Grace Varnham）绘制的插图，以及其他艺术家的作品，也要感谢从校对到印刷所有参与制作这本书的伙伴们。我很感谢牛津大学自然历史博物馆的同事们，尤其是史密斯，感谢他们对这本书的支持和喜爱。这甚至催生了画廊里的一个新展览，我很荣幸能提供灵感。

如果没有我的伴侣马特一直以来的支持，这本书就不会完成，他总是能看到我努力完成的每件事背后的价值，并确保我有足够的空间、时间和能量来推进工作。谢谢你为我泡的茶、给予我的爱，以及与我的无数次促膝长谈。最后，我要感谢妙尔尼尔，虽然在我写作的过程中她无法提供帮助，但她每天至少三次提醒我放下工作休息一下，或许她只是为了得到饼干，却让我得以放松片刻。

未来，属于终身学习者

我们正在亲历前所未有的变革——互联网改变了信息传递的方式，指数级技术快速发展并颠覆商业世界，人工智能正在侵占越来越多的人类领地。

面对这些变化，我们需要问自己：未来需要什么样的人才？

答案是，成为终身学习者。终身学习意味着具备全面的知识结构、强大的逻辑思考能力和敏锐的感知力。这是一套能够在不断变化中随时重建、更新认知体系的能力。阅读，无疑是帮助我们整合这些能力的最佳途径。

在充满不确定性的时代，答案并不总是简单地出现在书本之中。"读万卷书"不仅要亲自阅读、广泛阅读，也需要我们深入探索好书的内部世界，让知识不再局限于书本之中。

湛庐阅读 App: 与最聪明的人共同进化

我们现在推出全新的湛庐阅读 App，它将成为您在书本之外，践行终身学习的场所。

不用考虑"读什么"。这里汇集了湛庐所有纸质书、电子书、有声书和各种阅读服务。

可以学习"怎么读"。我们提供包括课程、精读班和讲书在内的全方位阅读解决方案。

谁来领读？您能最先了解到作者、译者、专家等大咖的前沿洞见，他们是高质量思想的源泉。

与谁共读？您将加入到优秀的读者和终身学习者的行列，他们对阅读和学习具有持久的热情和源源不断的动力。

在湛庐阅读 App 首页，编辑为您精选了经典书目和优质音视频内容，每天早、中、晚更新，满足您不间断的阅读需求。

【特别专题】【主题书单】【人物特写】等原创专栏，提供专业、深度的解读和选书参考，回应社会议题，是您了解湛庐近千位重要作者思想的独家渠道。

在每本图书的详情页，您将通过深度导读栏目【专家视点】【深度访谈】和【书评】读懂、读透一本好书。

通过这个不设限的学习平台，您在任何时间、任何地点都能获得有价值的思想，并通过阅读实现终身学习。我们邀您共建一个与最聪明的人共同进化的社区，使其成为先进思想交汇的聚集地，这正是我们的使命和价值所在。

CHEERS

湛庐阅读 App
使用指南

读什么
- 纸质书
- 电子书
- 有声书

与谁共读
- 主题书单
- 特别专题
- 人物特写
- 日更专栏
- 编辑推荐

怎么读
- 课程
- 精读班
- 讲书
- 测一测
- 参考文献
- 图片资料

谁来领读
- 专家视点
- 深度访谈
- 书评
- 精彩视频

HERE COMES EVERYBODY

下载湛庐阅读 App
一站获取阅读服务

图书在版编目（CIP）数据

47种生物讲述的地球生命故事 ／（英）埃尔莎·潘西
罗里（Elsa Panciroli）著；刘晓燕译. -- 杭州：浙
江教育出版社，2023.6
　ISBN 978-7-5722-5914-2

　Ⅰ. ①4… Ⅱ. ①埃… ②刘… Ⅲ. ①生物—普及读物
Ⅳ. ①Q1-49

中国国家版本馆CIP数据核字(2023)第095851号

**浙 江 省 版 权 局
著作权合同登记号
图字:11-2023-095号**

上架指导：生命科学／科普读物

47种生物讲述的地球生命故事
47 ZHONG SHENGWU JIANGSHU DE DIQIU SHENGMING GUSHI

［英］埃尔莎·潘西罗里（Elsa Panciroli）著

刘晓燕 译

责任编辑：李　剑
文字编辑：傅美贤　苏心怡
美术编辑：韩　波
责任校对：傅　越
责任印务：陈　沁
封面设计：ablackcover.com
出版发行：浙江教育出版社（杭州市天目山路40号　电话：0571-85170300-80928）
印　　刷：北京盛通印刷股份有限公司
开　　本：787mm×1092mm 1/16　　　　**插　　页：**2
印　　张：15.5　　　　**字　　数：**305千字
版　　次：2023年6月第1版　　　　**印　　次：**2023年6月第1次印刷
书　　号：ISBN 978-7-5722-5914-2　　　　**定　　价：**109.90元

如发现印装质量问题，影响阅读，请致电010-56676359联系调换。